地区电网

电力大用户运行管理一本通

王凯军　竺佳一　龚向阳　翁格平 等　编著

U0246622

中国电力出版社
CHINA ELECTRIC POWER PRESS

内 容 提 要

随着电网运行安全的不断提高，为加强地区电网电力大用户运行管理，编者结合生产实际编制了本书。本书第一章介绍了电力大用户调度管理的总体原则和规定；第二章分专业梳理了电力大用户日常调度业务开展相关要求；第三章分析了电力大用户设备运行维护常见问题以及注意事项；第四章介绍了电力大用户风险管控机制的建立以及运转流程；第五章列举了在发生各类典型设备故障情况下调度的处理原则和方法。

本书可作为供电企业电网调控人员、电力用户运维人员的培训用书，也可作为电网调控、运行、检修人员的参考书。

图书在版编目（CIP）数据

地区电网电力大用户运行管理一本通 / 王凯军等编著. —北京：中国电力出版社，2018.7

ISBN 978-7-5198-2070-1

Ⅰ.①地…　Ⅱ.①王…　Ⅲ.①地区电网—运行—管理—基本知识　Ⅳ.① TM727.2

中国版本图书馆 CIP 数据核字（2018）第 108333 号

出版发行：中国电力出版社
地　　址：北京市东城区北京站西街 19 号（邮政编码 100005）
网　　址：http://www.cepp.sgcc.com.cn
责任编辑：孙　芳（010-63412381）
责任校对：常燕昆
装帧设计：赵姗姗
责任印制：蔺义舟

印　　刷：三河市百盛印装有限公司
版　　次：2018 年 7 月第一版
印　　次：2018 年 7 月北京第一次印刷
开　　本：880 毫米×1230 毫米 32 开本
印　　张：2.75
字　　数：72 千字
定　　价：30.00 元

编 委 会

前　言

电力调度机构作为电网运行的"大脑"，负责指挥与协调电网内发电、输电、变电、配电设备的运行、倒闸操作和事故处理，保证电网安全、优质、经济运行，面向电力用户有计划地供应符合质量标准的电能。

随着我国经济的不断发展，对电网运行的要求也不断提高。电力大用户通常在国家或者一个地区（城市）的社会、政治、经济生活中占有重要地位，对其中断供电将可能造成人员伤亡、较大环境污染、较大政治影响、较大经济损失、社会公共秩序严重混乱。守住安全生产的"四条底线"，即不发生人身伤亡事故、不发生恶性操作事故、不发生大面积停电事故和不发生重要客户停电事故，是安全工作的重点目标。而"不发生重要客户停电事故"是从"设备导向"向"客户导向"的转变，这就要求电力调度机构做好电力大用户的运行管理工作。

本书系统地介绍了电力大用户接入的相关规定，设备日常运行管理的要求以及故障情况下的应急处置流程，为调度机构电力大用户相关业务的开展以及故障处理提供建议和参考。

本书由国网宁波供电公司电力调度控制中心、镇海区供电公司与浙江省电力调控中心共同编写，编委会所有成员参与全书审核和修改，全书由王威担任主编，由倪秋龙、蔡振华、杨晓华、卢志明、陆骏担任副主编。在本书的编写过程中，得到了诸多同仁及专家的支持和帮助，在此致以诚挚的敬意。

限于编写人员水平有限，编写时间仓促，疏漏之处在所难免，恳请各位专家和读者提出宝贵意见。

编者

2018 年 6 月

目　录

第一章

总　则

电力系统是电力生产、流通和使用的系统，电力系统是由包括发电、供电（输电、变电、配电）、用电设施等各个环节以及为保证上述设施安全、经济运行所需的继电保护、安全自动装置、电力计量装置、电力通信设施和电力调度自动化等设施所组成的整体。通常把发电和用电之间属于输送和分配的中间环节称为电力网，简称电网。由于电力生产与消费具有同时性、瞬时性等特点，因此，电力系统必须实行统一调度、分级管理的原则。电力系统的有关各方应协作配合，以保证电力系统的安全、优质、经济运行。

电网调度系统包括各级调度机构和并网运行的发电厂、监控中心、集控站、变电站等运行值班单位。电网调度机构是电力系统运行的组织、指挥、指导和协调机构，地区电网调度机构分二级，依次为省辖市级电网调度机构（简称地调），县级电网调度机构（简称县调）。

凡并（接）入电网运行的发电厂和变电站，均应服从电网的统一调度管理，严肃调度纪律，服从调度指挥，以保证调度管理的顺利实施。电力调度机构按相关合同或协议对发电厂、用户变电站进行调度管理。

发电厂、用户变电站要求并（接）入电网运行时，应事先向相应的电力调度机构提出并网申请，签订并网调度协议，完成有关各项技术措施（如运行方式要求，满足电网安全稳定要求的继电保护及安全自动装置、通信和自动化设备等），具备并网条件者方可并网，否则电力调度机构应拒绝其并网运行。

凡属地调直接调度管辖的设备，未经地调值班调度员的指令，各有关单位不得擅自进行操作或改变其运行方式（对人身或设备安全有严重威胁者除外，但应及时向地调值班调度员报告）。

凡属地调调度许可范围内的设备，各有关单位应得到地调值班调度员的许可后，才能进行改变其运行状态的操作。

第二章

电力大用户调度管理

第一节　电力大用户基本管理规定

一、地方电厂及大用户入网条件

（1）凡接入地区电网的电厂及大用户，必须纳入调度管辖范围，服从调度机构的统一调度。地调原则上与 110kV 及以上大用户建立调度关系。

（2）要求接入地区电网的电厂及大用户的准备工作流程如图 2-1 所示。

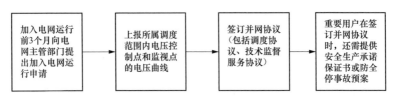

图 2-1　准备工作流程

（3）要求加入地区电网的电厂及大用户，须完成下列各项技术措施，具备条件者方可加入电网运行。

1）一次接线方式及电气配套工程符合接入电网设计的审查原则，设备命名、调度管辖范围划分明确。

2）继电保护及安全自动装置满足电网安全、稳定、可靠运行的要求，并在并网前按规定投入运行；地方电厂必须具备不少于两套在电网故障时能与电网可靠解列的自动装置。

3）与有关调度建立优质、可靠的专用通信通道，符合电力通信标准，保证调度命令、信息畅通。

4）实时信息采集系统符合电力行业标准，满足调度自动化系统实时信息采集、监控、经济调度等要求。

5）地方电厂厂用电系统必须可靠，一般需有两个不同电源系统作一供一备，必要时应配备备用电源。

二、地方电厂及大用户调度相关要求

（1）地方电厂及大用户入网后，还要严格执行以下基本要求：

1）电厂值长、电气班长、运行人员及大用户电力调度员应熟悉调度规程及调度协议，上岗前按规定进行培训、考核，取得合格证书，人员名单报有关调度备案。

2）地调管辖或许可设备，必须得到地调值班调度员的指令或许可后才能进行操作或工作。

3）地调管辖或许可设备，一、二次接线方式不得任意变动，若须更改，必须事先得到地调值班调度员的指令或许可。

4）一切倒闸操作、检修、试验、事故处理等应严格执行电力系统安全工作规程和调度规程。

调度管辖及许可的地方电厂及大用户设备停电检修，需向地调办理设备停役申请手续，严禁在未经申请并批复的设备上进行工作。

5）地方电厂及大用户应保障一次设备、继电保护及安全自动装置和涉及调度生产业务的通信、自动化设备的正常运行，及时处理设备缺陷。对不按要求及时处理缺陷者，地调应报请市电力行政主管部门和相应的电力监管机构予以严肃处理并限期整改，对电网安全运行构成直接威胁或严重影响调度生产业务者可根据相关协议、合同和规定对该地方电厂及大用户采取解列、停电等措施。

（2）地方电厂及调度管辖自备电厂入网后，还要严格执行表 2-1 的要求。

表 2-1　　地方电厂及调度管辖自备电厂的管理要求

项目	要求内容
地方电厂的管理要求	（1）机组开、停或增、减出力须得到地调值班调度员指令或许可，并网、解列后应及时汇报
	（2）必须严格按照调度下达的出力、电压计划曲线运行，偏差不应超过调度协议规定范围，当电网有特殊要求时，应严格执行地调值班调度员指令
	（3）根据地调值班调度员指令参与电网调峰、调压和事故处理
	（4）电厂设备发生缺陷不能按照调度下达的计划曲线运行时，应及时向地调值班调度员汇报，地调值班调度员根据电网运行情况修改计划出力
调度管辖自备电厂的管理要求	（1）发电机组的并网、解列须经地调许可
	（2）发电机组计划检修，应按本规程执行；临时检修需提前 6h 报地调值班调度员，批准后方可停役；如机组故障跳闸或紧急停机，则应立即汇报地调；机组检修结束前及时提出要求并网申请，待许可后才能并网运行
	（3）双（多）电源用户，改变供电方式（倒负荷）前必须经地调值班调度员许可
	（4）对不允许并网的自备发电机组，不得私自并网发电，在技术上应有可靠的防误并网措施

第二节　　电力大用户调度日常管理

一、倒闸操作规定

在调度与大用户的日常联系中，倒闸操作是最重要的联系内容。对于倒闸操作，有着严格的规定：

（1）倒闸操作应根据值班调度员指令进行。

（2）在倒闸操作进行中应先互报单位、姓名，严格遵守发令、复诵、录音、监护、记录等制度，并使用调度规程所规定的统一调度术语、操作术语、电网主要设备名称、统一编号等。必须使用包括变电站名称、设备名称、统一编号的三重命名。

（3）地调值班调度员发布的操作指令（或预发操作指令）一律由"可以接受调度命令的人员"接令，非上述人员不得接受地调值班调度员发布的操作指令（或预发操作指令），地调值班调度员也不得将操作指令（或预发操作指令）发给不可以接受调度命令的人员。

（4）地调值班调度员发布操作指令时，应同时发出"发令时间"。地方电厂及大用户相关值班人员接受操作指令后应复诵一遍，调度员应复核无误。"发令时间"是地调值班调度员正式发布操作指令的依据，相关值班人员没有接到"发令时间"不得进行操作。

（5）地方电厂及大用户相关值班人员汇报操作结束时，应报"结束时间"，并将执行项目报告一遍，地调值班调度员复诵一遍，相关值班人员应复核无误。"结束时间"应取用相关值班人员向调度汇报操作执行完毕的汇报时间，它是运行操作执行完毕的依据，地调值班调度员只有在收到操作"结束时间"后，该项操作才算执行完毕。

二、倒闸操作流程

倒闸操作流程如图 2-2 所示。

三、电网事故处理

地方电厂及大用户的事故处理也是调度的重要日常业务组成部分。

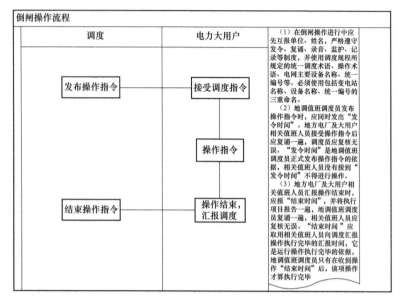

图 2-2 倒闸操作流程

电网发生事故时，有关单位应立即将事故情况清楚、准确地向地调值班调度员汇报。汇报内容如表 2-2 所示。现场运行值班人员应对其汇报内容的正确性负责。

表 2-2 电网发生事故汇报内容

序号	内容
1	事故发生的时间和现象、跳闸断路器名称、继电保护自动装置与故障录波器动作情况
2	人员和设备损伤等情况
3	频率、电压、潮流的变化等事故现象

对于地调管辖或许可设备，必须得到地调值班调度员的指令或许可后才能进行操作或工作。

第三节 电力大用户调度计划管理

一、设备检修计划管理

对于日常的设备检修计划，要严格按照计划检修流程管理执行。

（1）凡属地调调度和许可的设备，需要停止运行或退出备用进行检修（试验）者，各申请递交单位需按规定向地调办理申请手续。

（2）停役申请采用书面形式或网络传输形式，必要时可采用传真形式，但均需电话确认。

（3）标准停役申请单如图 2-3 所示。

（4）对停役申请中有特殊要求者，如提供试验电源、检修后需核相、带负荷试验、限制输送容量、更改运行方式等，应专门说明，不得随意变更。

（5）在检修中（包括带电作业）影响正常运行方式者，如主接线或设备更改，拆搭头，设备参数变动以及压变、流变更动可能影响继电保护、计量表计正确性等情况，申请单位应在报送停役申请的同时，提供设备更改内容、明确复役要求，必要时绘图说明。

（6）若设备检修工作需根据天气条件而定，在停役申请单上必须说明雨天是否取消、顺延日期等要求。已批复的停役申请，检修单位因故不能工作时，最迟应在工作前一天 12：00前通知值班调度员。确因天气变化，被迫不能工作时，也应在申请工作时间前 3h 告知值班调度员。因申请单位造成设备无效停役者，原则上当年不再受理该设备同一工作内容的停役申请。

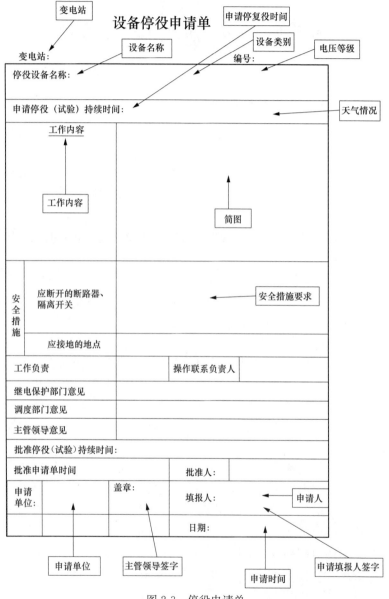

图 2-3 停役申请单

10

（7）变电与线路的停役申请单应分别填写，不得合用一张申请单。

（8）停役申请单是调度进行方式安排和操作的依据，务必填写清楚、正确。申请填报单位应对停役范围和安全措施是否正确、完备负责。

（9）当发生事故或设备紧急缺陷需立即停役检修时可以不用书面申请，但变电站值长（值班负责人）、用电监察、线路运行检修单位生产调度人员应向地调值班调度员电话申请，说明停役的设备范围及措施要求、停役时间、工作负责人及复役要求等，并办理工作许可手续。对事故检修停役的设备，在停役 24h 后重新投入运行的，应办理书面复役手续。

（10）设备运行时需停用继电保护或自动装置进行工作，下列情况应办理书面申请手续：

1）计量、通信、自动化、直流电源工作等影响继电保护或自动装置正常运行的。

2）继电保护改定值工作需要停用相应保护的。

3）继电保护带负荷试验。

（11）输变电设备的带电作业如不改变电气接线，在工作中仅要求停用重合闸或线路跳闸后禁止强送者，无需停役申请，但应在开始工作前得到地调值班调度员的许可后方能工作，工作结束后应及时向地调值班调度员汇报。申请时，必须明确措施要求。

输电设备带电作业措施要求如下：

1）停用线路重合闸。

2）跳闸后不经联系不得强送。

3）对调度没有要求。

（12）设备检修提前结束，应及时向地调值班调度员汇报。设备检修由于某种原因不能如期完成时，应在工期过半前（计划当日开工并完工，则应在计划复役时间前 3h）向地调提出延迟申请，并说明延迟原因及延迟时间。

二、计划停役流程

用户缺陷处理流程如图 2-4 所示。

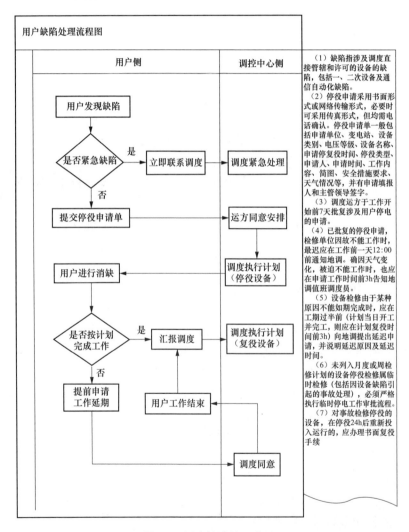

图 2-4　用户缺陷处理流程

（1）缺陷指涉及调度直接管辖和许可的设备的缺陷，包括一、二次设备及通信自动化缺陷。

（2）停役申请采用书面形式或网络传输形式，必要时可采用传真形式，但均需电话确认。停役申请单一般包括申请单位、变电站、设备类别、电压等级、设备名称、申请停复役时间、停役类型、申请人、申请时间、工作内容、简图、安全措施要求、天气情况等，并有申请填报人和主管领导签字。

（3）调度运方于工作开始前7天批复涉及用户停电的申请。

（4）已批复的停役申请，检修单位因故不能工作时，最迟应在工作前一天12:00前通知地调。确因天气变化，被迫不能工作时，也应在申请工作时间前3h告知地调值班调度员。

（5）设备检修由于某种原因不能如期完成时，应在工期过半前（计划当日开工并完工，则应在计划复役时间前3h）向地调提出延迟申请，并说明延迟原因及延迟时间。

（6）未列入月度或周检修计划的设备停役检修属临时检修（包括因设备缺陷引起的事故处理），必须严格执行临时停电工作审批流程。

（7）对事故检修停役的设备，在停役24h后重新投入运行的，应办理书面复役手续

第四节　电力大用户继电保护及 安全自动装置调度管理

对于保障电力系统稳定安全运行的继电保护及安全自动装置也有着严格的规定：

（1）继电保护及安全自动装置的调度关系原则上与一次设备相一致。

（2）任何一次设备不允许无保护运行。进行一次设备检修、新设备启动、保护检修试验、调整定值、缺陷处理等工作时，继电保护方式调整应按地调继电保护调度检修运行规定执行。

（3）地调调度管辖的继电保护装置，现场工作需更改运行状态时，应履行调度计划申请手续。紧急缺陷处理、事故调查等特殊情况下，可向地调值班调度员申请。

（4）继电保护装置一般具有"跳闸""信号""停用"三种状态。若继电保护装置上无工作，但因其他工作影响需将保护退出运行时，一般应将其改为"信号"状态。

（5）继电保护装置动作以后，相关值班人员需按下述要求执行：

1）及时到现场检查和打印故障报告，将保护动作信号详细准确记录。

2）及时将动作跳闸的保护装置名称、故障相别、重合闸装置及录波器动作情况、故障测距汇报地调值班调度员。

3）将故障录波文件（或波形图）、保护装置的打印报告存档并在两个工作日内上报给对应调度机构。

（6）并网发电厂及用户变电站的继电保护及安全自动装置除调度管辖设备以外，一般由设备所在的发电厂或用户负责整定，并报调度机构备案。

（7）当保护装置发生异常情况时，相关值班人员应检查后立即向地调值班调度员汇报，并按有关规定处理。

（8）发生不正确动作后，运维部门应保护现场，在经有关部门同意后，设备管辖单位的继电保护人员应尽早进行诊断性试验，查明事故原因。必要时，由上级调度组织调查。

（9）相关值班人员应按继电保护运行规程对继电保护装置及其二次回路进行定期巡视，对相关设备作在线测试和记录，并对控制回路信号、继电保护装置信号、交流电压回路、直流电源等进行检查。

（10）对高频保护测试及维护要求如下。

1）每天应定时自动测试或人工检查通道信号并做好记录。

2）无人值班变电站内不具备高频通道自动测试功能的线路高频保护，仍需每天进行手动通道交换试验并做好记录。

3）运行中如发现通道异常时，相关值班人员应立即向对应调度机构地调值班调度员汇报。

4）若需停用保护，则应向地调值班调度员申请停用，并通知有关部门检查处理。

第五节　电力大用户调度自动化及通信管理

调度自动化及通信能帮助调度更好地掌握电力大用户的运行情况，相关要求需严格落实。

（1）调度自动化信息主要包括实时信息和非实时信息。

1）调度自动化实时信息。包括遥测量、遥信量、遥调量、遥控量、电能量和电网调度运行监视、控制和分析计算所需的其他信息。

2）调度自动化非实时信息。包括发用电计划、检修计划、设备参数、调度生产日报数据及其他相关生产管理信息等。

（2）由两个及以上调度机构共同管辖的厂站，应同时向相应的调度机构直接传送调度自动化系统数据。厂站监控系统和各调度自动化系统采集的信息，其数值和状态应保持一致。

（3）新（改扩）建工程，调度自动化信息应满足所管辖调度机构的调度自动化系统的要求，厂站投运前必须完成该厂站及对侧厂站相关信息与各级调度自动化系统的联调核对工作。

（4）电网并网用户应服从地区通信部门对其通信设备、光缆的运行管理。

（5）通信设备检修管理实行统一调度、分级管理、逐级审批的原则。

（6）在电网设备运行、检修、基建和技改等工作中，当影响电网通信业务时，均需办理通信检修申请。

（7）检修申请分计划检修申请、临时检修申请和紧急检修申请。检修申请由现场工作班提出，原则上通过相关系统提交，紧急检修可口头（电话）申请。

（8）计划检修申请时间如表 2-3 所示。

表 2-3　　　　　　　　　计划检修申请时间

检修申请类型	上报时间
计划检修申请	提前 5 个工作日上报
临时检修申请	提前 1 个工作日上报
紧急检修申请	可当天上报

（9）检修申请应明确检修工作的日期、具体内容、对通信业务的影响，并制定通信组织措施、技术措施、安全措施。

（10）检修申请的受理、审核、批准、下达、开工竣工许可按照《电力系统通信设备运行检修管理办法实施细则》的相关流程执行。

（11）当电网一次设备检修工作影响电网通信业务时，电网一次设备检修停复役申请单应经相应通信管理部门会签。

通信电路/设备缺陷是指在生产运行过程中发生影响其功能或影响电网安全稳定运行的异常现象。其缺陷等级分类及缺陷消除时间相关要求如表 2-4 所示。

表 2-4　　　缺陷等级分类及缺陷消除时间相关要求

缺陷等级	消除缺陷时间
紧急缺陷	2h 内进行处理，原则上要求 24h 内处理完毕
重要缺陷	12h 内进行处理，原则上要求一周内处理完毕
一般缺陷	根据轻重缓急进行处理，原则上要求一个月内处理完毕

（12）通信故障处理原则：

1）先调度生产业务，后其他业务。

2）先上级业务，后下级业务。

3）先抢通，后修复的原则。

（13）地调所辖电厂、用户变电站的设备、光缆线路的缺陷纳入电网通信缺陷管理范畴，由产权所属单位按照缺陷等级的时限要求消除缺陷，以免影响电力通信网的安全运行。

（14）通信业务投入/退出申请办理流程如图 2-5 所示。

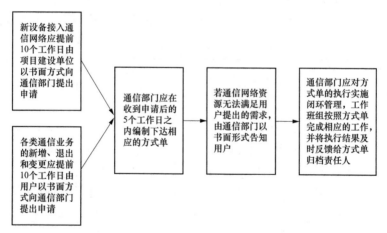

图 2-5　通信业务投入/退出申请办理流程

第三章

电力大用户电气设备运行管理

第一节 大用户接线方式及特点

一、大用户接线方式

大用户接线方式见图 3-1～图 3-3。

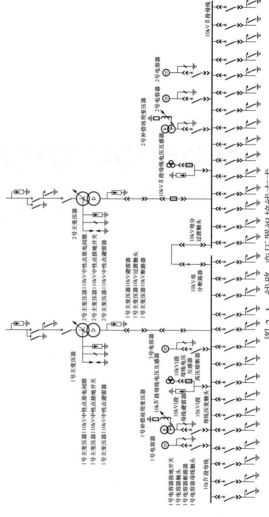

图 3-1 线路-变压器组接线方式

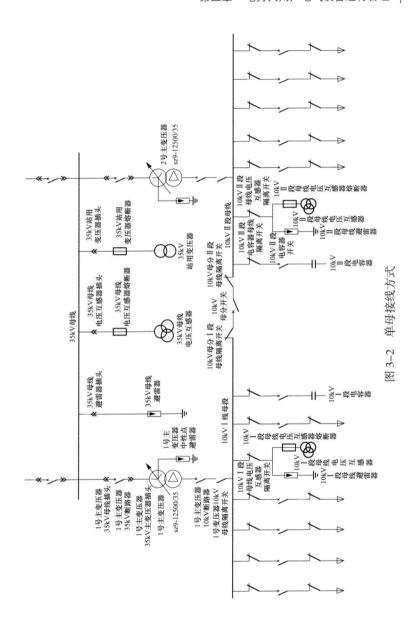

图 3-2　单母接线方式

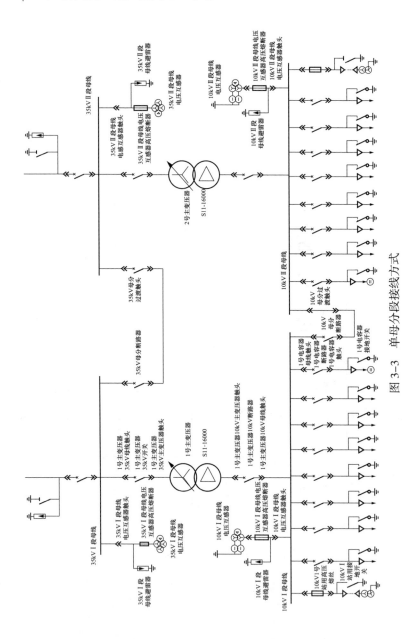

图 3-3 单母分段接线方式

二、大用户并网运行要求

1. 单母线分段接线方式

采用该方式的用户一般为两回电源进线，配置母分备自投，一般采取全站分列运行方式。

2. 单母线接线方式

采用该方式的用户一般为单回电源进线。

3. 线路-变压器组接线方式

采用该方式的用户若有两回电源进线，在低压侧配置母分备自投，一般采取全站分列运行方式。

第二节　大用户一次设备日常运行与异常处理

一、变压器

变压器是利用电磁感应的原理来改变交流电压的装置，可以用来将某一数值的交流电压变成频率相同的另一种或几种数值不同的电压的设备，是电力输配电、电力用户配电的必要设备。

1. 日常运行与维护

（1）变压器运行中应经常查看后台机上显示的负荷情况，及时掌握运行情况。在超过额定电流运行时应做好记录。

（2）变压器的日常巡视检查应隔日一次，夜间巡视每月至少一次。

（3）变压器正常巡视项目如下。

1）变压器的油温和温度计应正常，储油柜的油位与温度相对应，各部件无渗油、漏油。

2）套管油位应正常，套管外部无破损裂纹、无严重油污、

21

无放电痕迹及其他异常现象。

3）变压器音响正常。

4）各冷却器手感温度应相近，冷却系统运转正常。

5）吸湿器完好，吸附剂干燥，硅胶无变色。

6）引线接头、电缆应无发热迹象。

7）压力释放器应完好、无损。

8）有载分接断路器的分接位置及电源指示应正常。

9）气体继电器内应无气体。

10）各控制箱和二次端子箱应关严，无受潮。

（4）在下列情况下应对变压器进行特殊巡视检查，增加巡视检查次数，并做好详细记录。

1）过负荷时，须随时监视负荷和油温变化情况，至少每半小时抄表一次，检查冷却装置运行情况、引线接头有无发热、油位等。

2）雷雨后，应立即检查各侧避雷器的动作情况，套管有无放电现象。

3）大雾天气，检查有无放电闪络现象。

4）大雪天气，检查引线积雪情况及有无发热情况。

5）大风天气，检查引线摆动及有无杂物等。

6）变压器承受短路电流后（无论变压器保护动作与否）应检查其音响、油色及引线套管等有无异常。

7）气温剧变时应对变压器及其套管的油位、油温进行特巡。

8）新投入或大修后投入的变压器，在 24h 内应每隔 2h 按巡视要求进行特巡一次，变压器投切操作后应检查避雷器及冷却系统运行情况。

9）变压器带有严重的明显缺陷或异常运行时，应至少每小时进行一次特巡。

（5）变压器的操作要求。

1）变压器投入运行前，应按下列各项检查设备是否符合运行要求：

a. 外观正常。

b. 各保护装置均投入、信号正常。

c. 分接开关位置符合运行要求。

d. 系统电源电压符合变压器运行规定。

e. 检修后投入检查。

f. 存有影响正常运行的重大缺陷，投运须经生技部门或总工程师同意。

2）变压器的操作应符合下列原则。

a. 变压器的投切操作必须由装有完备保护装置的电源侧断路器进行，用小电源侧进行充电时，应先核算保护灵敏度。

b. 变压器送电操作一般应按高压（电源）侧、低压侧的顺序进行，停役时相反。各侧隔离开关的电源、负荷侧的确定应注意变压器的并列与否。

c. 进行 110kV 变压器的投切操作时，操作前中性点必须接地，操作完毕再按正常运行方式改变接地方式。

d. 进行变压器投切操作时，各侧避雷器应投入。

3）如因系统经济运行方式需要，为减少一昼夜中的操作次数，停用变压器的时间一般不少于 2～3h。

（6）变压器并列运行应满足的条件为绕组接线组别相同、电压变比相等、阻抗电压相等。

（7）变压器有载分接断路器的运行维护要求。

1）应逐级调压，同时监视分接断路器位置及电压、电流变化。

2）运行 6～12 个月或切换 2000～4000 次后，应取切换断路器箱中的油样做试验。

3）新投入的分接断路器，在停用后 1～2 年或切换 5000 次后，应将分接断路器吊出检查。

4）运行中的有载分接断路器切换 5000 次后或绝缘油的击穿电压低于 25kV 时，应更换分接断路器箱的绝缘油，操作机构应经常保持良好状态。

5）禁止在变压器严重过载、存在严重缺陷、油回路有工作或系统有短路时切换分接断路器。

2. 异常情况及故障处理

（1）值班人员在发现变压器运行中的不正常现象时，应设法尽快消除，并报告上级，做好记录。

（2）变压器有下列情况之一应立即停运。

1）变压器声响明显增大，很不正常，内部有爆裂声。

2）严重漏油或喷油，使油面下降到低于油位计的指示限度。

3）套管有严重的破损或放电现象。

4）变压器冒烟着火。

5）当发生危及变压器安全的故障，而变压器的有关保护装置拒动时，值班人员应立即将变压器停运。

6）当变压器附近的设备着火、爆炸或发生其他情况，对变压器构成严重威胁时，值班人员应立即将变压器停运。

（3）当变压器上层油温升高到 85℃时，值班人员应按以下步骤检查处理：

1）检查变压器的负载和冷却介质的温度，并与在同一负载和冷却介质温度下正常的温度核对。

2）核对温度测量装置。

3）检查变压器冷却装置或变压器的通风情况。

若温度升高的原因是由于冷却系统的故障，且在运行中无法修理，应将变压器停运处理；若不能立即停运修理，则应调整负载至允许运行温度下的相应容量。

在正常负载和冷却条件下，变压器温度不正常并不断上升，且检查证明温度指示正确，则认为变压器已发生内部故障，应立即将变压器停用。

（4）当发现变压器的油面较当时油温所应有的油位显著降低时，应查明原因。

（5）变压器油位因温度上升有可能高出油位指示极限，经查明不是假油位所致时，则应放油，使油位降至与当时油温相对应的高度，以免溢油。

（6）变压器自动跳闸后，应立即查明原因，记录何种保护和信号装置动作及故障征象。如跳闸原因不是内部故障引起的，而是过负荷、外部短路或二次回路故障所造成，则变压器不经外部检查，重新投入运行。否则须经检查，测量绝缘电阻及有关试验，以查明变压器跳闸的原因，处理流程如图 3-4 所示。

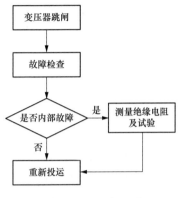

图 3-4 处理流程图

（7）差动保护动作未经检查不允许强送，若差动保护动作时伴随有保护区外短路故障跳闸现象，经过保护区内设备检查而未发现异常情况，应视为穿越性故障，允许立即试送，事后对保护做检查。

3. 瓦斯保护

（1）主变压器瓦斯保护投入运行前，运行人员应进行验收，检查气体继电器与油枕间的连接管阀门是否打开、安装是否标准、试验是否合格、投入条件是否具备。

（2）轻瓦斯保护的信号动作时，值班员应立即向调度报告，并检查变压器，查明气体继电器动作的原因、鉴定气体继电器内积蓄的气体的性质，如果气体是无色、无臭、不可燃的，则变压器仍可继续运行；如果气体是可燃的，必须停运变压器并分析动作原因。

（3）轻瓦斯继电器动作可能原因如下：

1）滤油、加油或冷却系统不严密，以致空气进入变压器内。

2）温度下降或漏油使油面缓慢降低。

3）变压器内部故障产生少量气体。

25

4）发生穿越性短路。

（4）轻重瓦斯同时动作可能原因如下。

1）变压器内部严重故障。

2）大量漏油，油面迅速下降。

3）保护装置二次回路故障。

（5）瓦斯保护动作后应注意下列几点［若具备 1）、2）、3）三条可判为瓦斯误动］。

1）变压器音响正常，电流、电压无波动，差动保护未动。

2）释压器无喷油现象，呼吸器无破裂和喷油现象。

3）收集不到气体或收集到的气体不可燃。

4）瓦斯保护的信号能复归。

（6）瓦斯保护的动作原因和故障性质可由气体颜色、气味和化学成分鉴别，气体可燃的为内部故障，故障性质由表 3-1 确定。

表 3-1 故障性质确定表

气体颜色	故障性质
黄色、不易燃	木质故障
灰色带强烈臭味、可燃	纸或纸板故障
灰色和黑色、易燃	油故障

（7）瓦斯保护与差动保护同时动作，应视为变压器内部有故障。

（8）重瓦斯保护动作后，在未判明故障性质以前不得试送，应尽速收集气体，做点燃试验。如可燃说明变压器内部故障；如不易燃，在未查明原因之前也不得试送。

（9）重瓦斯动作如接于信号时，根据当时变压器音响、气味、喷油、冒烟、油温急剧上升等异常情况，证明内部有故障时，应立即设法将变压器停止运行。

（10）变压器有载调压重瓦斯按规定投入跳闸，差动保护停用时不得将重瓦斯改接信号。

（11）变压器重瓦斯在下列情况下应由跳闸改信号。

1）变压器滤油、加油、调换硅胶和瓦斯继电器检查、试验时。

2）变压器油枕内无油。

3）瓦斯继电器线腐蚀接地。

4. 需特别注意的事项

（1）运行中的变压器允许油温，应按上层油温来检查，油温不得经常超过85℃，最高不得超过95℃，温升不得超过55℃。

（2）变压器一次电压可以高于其额定值，但一般不得超过其所处分接头相应额定电压值的105%，此时二次侧可带额定电流，如负荷电流为额定电流的$K(K \leqslant 1)$倍时，按以下公式对电压加以限制，即

$$U(\%) = 110 - 5K^2$$

（3）变压器的负载状态有正常周期性负载、长期急救周期性负载、短期急救负载三种。

（4）变压器各种负载状态下的运行注意事项。

1）正常周期性负载的运行。

a. 变压器在额定条件下，全年可按额定电流运行。

b. 变压器允许在平均相对老化率小于1或等于1的情况下，周期性地超过额定电流。

c. 当变压器有较严重的缺陷或绝缘有弱点时，不宜超额定电流运行。

2）长期急救周期性负载的运行。此时变压器长时间在环境温度较高或超过额定电流状态下运行，将在不同程度上缩短变压器的寿命，应尽量减少出现这种方式的可能性；必须采用时，应尽量缩短超额定电流运行时间，降低超额定电流的倍数，有条件时投入备用冷却器。

当变压器有较严重的缺陷如冷却系统不正常、严重漏油、有局部过热现象、油中溶解气体分析结果异常或绝缘有弱点时，不宜超额定电流运行。

长期急救周期性负载下运行应有负载电流记录，并计算运行期间的平均相对老化率。

3）短期急救负载的运行。在短期急救负载下，变压器短时间大幅度超过额定电流运行，绕组热点温度可能大到危险程度。出现这种情况时，应投入包括备用在内的全部冷却器，并尽量压缩负载，减少时间，一般不超过 0.5h。当变压器有较严重的缺陷或绝缘有弱点时，不宜超额定电流运行。5h 短期急救负载允许的负载系数 K_1 如表 3-2 所示。

表 3-2　　　　　　　　5h 短期急救负载允许的负载系数

K_1	温度						
	40℃	30℃	20℃	10℃	0℃	−10℃	−20℃
0.7	1.8	1.8	1.8	1.8	1.8	1.8	1.8
0.8	1.76	1.8	1.8	1.8	1.8	1.8	1.8
0.9	1.72	1.8	1.8	1.8	1.8	1.8	1.8
1.0	1.64	1.75	1.8	1.8	1.8	1.8	1.8
1.1	1.54	1.66	1.78	1.8	1.8	1.8	1.8
1.2	1.42	1.56	1.7	1.8	1.8	1.8	1.8

注　K_1 为急救负载前的负载系数。

（5）主变压器正常运行时，中性点接地开关不投入，但在进行主变压器停复役操作前，应将主变压器中性点接地开关合上，以防操作过电压。

二、35kV/10kV 高压断路器

高压断路器，用于切断和接通负荷电路，以及切断故障电路，防止事故扩大，保证安全运行。

1. 日常运行与维护

（1）断路器正常运行时的检查项目如下。

1）真空断路器的灭弧室有无异常。

2）支持瓷瓶是否清洁和有无闪络放电现象。

3）各连接螺栓有无松动，连接接头处有无发热、变色现象。

4）主体内部有无炸裂声及异常声响。

5）操作机构是否完好。

（2）断路器检修后的验收项目如下。

1）总行程、三相同期、接触行程是否符合规定。

2）引线连接部分是否牢固、螺栓是否拧紧、有无临时短接线及遗留物。

3）瓷瓶表面有无裂缝，是否清洁。

4）二次接线是否牢固、正确，绝缘良好。

5）操作机构转动摩擦部分润滑是否良好。

6）电动分合闸信号反映是否正确。分闸应可靠，位置指示应正确。

7）断路器传动正确，试验数据合格。

（3）断路器在运行中遇到下列情况应加强监视。

1）新投入或大修后。

2）短路跳闸后。

3）其他异常情况。

（4）断路器故障跳闸后，无论是否重合闸，都应立即到现场检查下列项目。

1）各连接处有无断裂、松动。

2）瓷瓶、真空泡表面有无裂缝、变色。

（5）断路器停用后，需在一次或二次回路上工作时，应取下控制熔丝。

（6）对于弹簧机构，在正常检修时应将合闸弹簧能量释放。对操作机构进行加油、润滑等各项工作时应在分闸、未储能状态下进行。

（7）手车断路器除按同型号断路器项目检查外，还应检查：

1）柜门的开启、关闭是否灵活。

2）一次动、静触头接触是否良好，有无发热。

3）带电部分与绝缘隔板有无放电声。

4）绝缘隔板有无结露现象。

（8）手车断路器在试验位置时，应将二次插头插入，使二次回路投入工作。当手车断路器需拉出柜外时，拉出前应先将二次插头拔下，并挂在门内挂钩上，以防损坏。

（9）手车断路器检修时，应将柜门上锁，并悬挂"止步，高压危险"标志牌，防止进入带电间隔。

（10）当手车处于工作位置或试验位置时，应检查定位销是否正确插入机构的锁孔内，以防断路器不能合闸。

（11）将手车推入拉出工作位置时，应动作迅速，中途不得停顿，以免烧伤一次触头。

（12）无论手车断路器处于何位置，如需合闸，必须将机械联锁插销定位到相应位置，合闸操作方可进行。

2. 异常情况及故障处理

（1）断路器拒绝合闸常见现象原因和消除方法见表 3-3。

表 3-3　　　断路器拒绝合闸常见现象原因和消除方法

故障现象	可能原因	消除方法
机构不动作	（1）操作熔丝断	更换熔丝
	（2）合闸辅助触点接触不良	调正触点
	（3）合闸控制回路断线，合闸线圈断线	查出断线点
	（4）合闸线圈与铁芯相对位置不正确，如铁芯插入线圈过多或过少	适当调整铁芯插入线圈内的尺寸
	（5）定位件扣入过深	将扣入深度调整适当
弹簧释放能量，合闸不成功	（1）半轴无扣入量	调整扣入量
	（2）输出轴连杆过长	调整连杆长度
不能合闸	（1）已处合闸位置状态	
	（2）手车式断路器未完全进入工作位置或试验位置	检查断路器、手车的位置
	（3）选用了合闸闭锁装置，辅助电源未接通或低于技术条件要求	
	（4）二次线路不正确	检查电源、二次回路

（2）断路器拒绝分闸的常见现象原因和消除方法见表 3-4。

表 3-4　　断路器拒绝分闸的常见现象原因和消除方法

故障现象	可能原因	消除方法
红灯熄灭跳闸铁芯不动作	（1）操作熔丝断	更换熔丝
	（2）跳闸辅助触点接触不良	清洁调整触点
	（3）跳闸回路断线	查出断线点
	（4）跳闸线圈断线	测量线圈并更换
跳闸铁芯动作，断路器不分闸	（1）操作机构卡住	检查机构
	（2）脱扣机构扣入太深	调整扣入深度
	（3）传动连杆脱落	连杆检修

（3）断路器手车不能进出的原因包括：

1）断路器处于合闸状态。

2）推进手柄未完全插入推进孔。

3）推进机构未完全到试验位置，致使舌板不能与柜体解锁。

4）柜体接地联锁未解开。

（4）拒绝分闸的断路器在未找出故障点、查明故障原因并消除故障之前，严禁投入运行。

（5）断路器在下列情况下应停电处理：

1）断路器冒烟、爆炸、着火。

2）接头熔化熔断。

3）真空断路器出现真空损坏。

（6）如断路器引线接头损坏在负荷侧，且断路器正常，允许立即拉开故障断路器及两侧隔离触头，将断路器隔离。

（7）断路器爆炸着火时应立即拉开上一级断路器，并隔离该断路器。

（8）发现断路器灭弧室损坏时，应停止操作，将断路器控制熔丝取下，并设法转移负荷，严禁带负荷操作，以防发生爆炸。

（9）断路器越级跳闸的处理方法如下。

1）查明继电保护动作情况，确定拒跳断路器。

2）汇报调度，听从调度命令。

3）如无法查明继电保护动作情况，不能确定拒跳断路器时，立即汇报调度，听从调度命令拉开所有馈线断路器后，试送空载母线，然后逐条试送各馈线。

三、隔离开关

隔离开关的特点是无灭弧能力，只能在没有负荷电流的情况下分、合电路，主要用于分闸后，建立可靠的绝缘间隙，将需要检修的设备或线路与电源用一个明显断开点隔开，以保证检修人员和设备的安全。

1. 日常运行与维护

（1）隔离开关正常运行时应检查如下项目。

1）隔离开关触头有无发热变色（特别在负荷高峰时）。

2）隔离开关的支持瓷瓶有无裂纹和放电现象。

3）刀片位置是否正确、接触是否良好。

4）隔离开关连接部位有无发热变色现象。

5）隔离开关定位销子、锁是否正常、锁住，有无锈蚀。

（2）隔离开关允许下列操作。

1）拉合正常运行中电压互感器、避雷器。

2）拉合高压熔丝已熔断，且没有故障征象的电压互感器、站用变压器。

3）拉合主变压器中性点接地开关。

4）拉合空载母线电容电流。

5）拉合电容电流不超过 5A 的空载线路。

6）拉合励磁电流不超过 2A 的空载主变压器。

（3）禁止用隔离开关进行下列操作。

1）带负荷拉合闸。

2）空载线路拉合闸（电容电流超过 5A）。

3）空载主变压器拉合闸（励磁电流超过 2A）。

4）处于故障下的电压互感器、避雷器拉合闸。

5）雷击时，禁止拉合电压互感器隔离开关。

6）系统有接地故障时拉合隔离开关。

（4）操作隔离开关时应注意如下事项

1）操作隔离开关时应检查断路器位置。

2）隔离开关操作后应检查是否平整嵌入固定触头。

3）操作完毕后，应检查定位销子是否销好，并上好锁。

4）在合闸时，必须迅速果断，但在合闸结束时不可用力过猛。

5）在拉闸时，开始应缓慢谨慎，在刀片分离时应迅速。

2. 异常情况及事故处理

（1）发现绝缘瓷瓶严重闪络放电、击穿接地时或瓷瓶断裂时应立即停电处理。

（2）发现安全锁定位销失灵，造成隔离开关位置不能固定时，必须采取临时固定措施，安排检修。

（3）发现隔离开关触头或连接线夹严重发热或温度上升，应报告调度减少负荷，并加强巡视，严重时，应立即停电检修。

（4）遇到误操作时，应按照下列规定进行：

1）误合隔离开关时，即使合闸时出现电弧也不得将隔离开关再次拉开。

2）误拉隔离开关时，应在弧光未断前，迅速将其合上，如隔离开关已全部拉开，则不得将误拉隔离开关再次合上。

四、电压互感器、电流互感器

电压互感器（TV）、电流互感器（TA）用于将一次侧高电压、大电流转换成二次侧低电压、小电流来测量。

1. 日常运行与维护

（1）运行基本要求。

1）电流互感器允许在设备最高电压和额定连续热电流下长

期运行，互感器二次绕组所接负荷不应超过铭牌等级所规定的负荷。

2）电压互感器二次侧严禁短路，电流互感器二次侧严禁开路。

3）电磁式电压互感器高压绕组 N(X) 端必须可靠接地。

（2）运行中巡视检查项目。各类互感器运行中的巡视检查应包括以下基本内容，如巡视发现设备异常，应做好记录，加强监护。

1）设备外观是否完整、无损，各部分连接是否牢固、可靠。

2）外绝缘表面是否清洁、无裂纹及放电现象。

3）油色、油位是否正常。

4）吸湿器硅胶是否受潮、变色。

5）有无渗漏油现象，防爆膜有无破裂。

6）有无异常振动、异常声响及异味。

7）各部位接地是否良好。

8）电流互感器是否过负荷、引线端子是否过热或出现火花，接头螺栓有无松动现象。

9）电压互感器端子箱内熔断器及自动断路器等二次元件是否正常。

10）特殊巡视补充的其他项目，视运行情况要求确定。

（3）系统发生单相接地或产生谐振时，严禁用隔离开关或高压熔断器拉、合电压互感器。

（4）严禁用隔离开关或高压熔断器拉开有故障（油位异常升高、喷油、冒烟、内部放电等）的电压互感器。

（5）停运一年及以上的互感器，应重新进行有关试验检查，合格后，方可投运。

2. 异常情况及事故处理

（1）运行中互感器发生异常现象时，应及时予以消除。若不能消除应及时报告有关领导及调度，并将情况记入运行记录本和缺陷记录本中。

（2）当发生下列情况之一时，应立即将互感器停用（注意保护的投切）。

1）电压互感器高压熔断器连续熔断 2～3 次。

2）高压套管严重裂纹、破损，互感器严重放电，已威胁安全运行时。

3）互感器内部有严重异声、异味，冒烟或着火。

4）互感器严重漏油，看不到油位，电容式电压互感器出现漏油时。

5）互感器本体或引线端子有严重过热时。

6）电流互感器末屏开路、二次开路，电压互感器 N（X）开路、二次短路，带电处理不能消除时。

（3）电压互感器常见异常的判断与处理见表 3-5。

表 3-5　　　　　　电压互感器常见异常的判断与处理

异常现象	原因判断
三相电压指示不平衡	一相降低，另两相正常，或伴有声、光信号，可能是互感器高压或低压熔断器熔断
中性点不接地系统，三相电压指示不平衡	一相降低，另两相升高，或指针摆动，可能是单相接地故障；多相电压同时升高，并超过线电压，则可能是谐振过电压
高压熔断器多次熔断	可能是内部绝缘严重损坏，如绕组层间或匝间短路故障
回路断线处理方法	按继电保护和自动装置有关规定，退出有关保护，防止误动作
	检查高低压熔丝及自动断路器是否正常，如熔丝熔断，应查明原因立即更换。当再次熔断时则应慎重处理
	检查所有回路接头有无松动、断头现象。切换回路有无接触不良现象

（4）电流互感器常见异常的判断与处理见表 3-6。

表 3-6   电流互感器常见异常的判断与处理

异常现象	原因判断
电流互感器过热	可能是内、外接头松动，一次过负荷或二次开路
电流互感器产生异声	可能是铁芯或零件松动，电场屏蔽不当，二次开路或电位悬浮，末屏开路及绝缘损坏、放电
绝缘油溶解气体色谱分析异常	按标准进行故障判断并分析，若仅氢气含量超标，但无明显增加趋热，也可判断为正常
二次回路开路处理方法	按继电保护和自动装置有关规定，退出有关保护
	查明故障点，在保证安全的前提下，设法在开路处附近端子上将其短路，短路时不得使用熔丝；如不能消除开路，应考虑停电处理

五、并联补偿电容器

补偿电容器用于系统无功补偿或者电压调整。

1. 日常运行与维护

（1）运行注意事项。

1）当 10kV 母线电压在规定范围之外时，值班员可根据电压进行电容器投入或撤出。

2）电容器应维持在额定电压下工作，当 10kV 母线电压高于额定电压 10％或电容器表计大幅度摆动时，应停用电容器。

3）电容器应在最高电流限额内运行。

4）电容器的三相电流应平衡，各相电流的差不应超过 5％，当超过限额时，应查明原因并采取调整电容器等措施，如果电压不平衡也应查明原因进行处理。

（2）电容器正常巡视应检查以下项目。

1）运行现场的环境温度、电容器外壳温度。

2）电容器外壳有无渗油和严重锈蚀、各电气连接头有无发热现象、瓷套是否有裂纹。

3）放电电压互感器、电抗器、电缆头是否正常，母线及断路器间隔等辅助设备运行是否正常。

4）检查电容器遮拦门等安全措施是否完好。

（3）电容器应每6个月至少进行一次清查维护，内容包括清扫瓷套、外壳等；检查各电气连接情况及接地是否良好；进行除锈油漆维护及一般缺陷消除。

（4）电容器的投切，应充分考虑电压的影响，负荷较轻或母线电压接近限额时，应注意投入后的运行电压会不会超过限额。

（5）电容器所在母线停役操作前，必须先停用电容器后停馈线电源，送电时顺序相反，不得在母线空载时投入。

（6）电容器断路器拉开后、合闸合不上时或断路器跳闸时应经3min后再合闸。

2. 异常情况及事故处理

（1）出现下列情况，应将电容器停役。

1）电容器的运行电压、电流和温度超过规定值时。

2）电容器、电抗器及放电电压互感器套管碎裂放电，接头严重过热，严重渗漏油等故障时。

3）电容器、电抗器及放电电压互感器等发生危及运行的严重缺陷时。

（2）电容器断路器跳闸后，不允许强送，应根据保护动作情况、电容器检查情况及系统电压、有无故障冲击等进行判断、检查和分析。只有在判明电容器本身无异常而由于系统原因所致方可试送。

（3）当10kV母线停役或事故强送时，必须首先拉开电容器断路器，再拉开其他断路器，强送或复役时应最后合上电容器断路器。

六、过电压保护装置

过电压保护装置包括避雷器、避雷线、避雷针、接地装置、消谐装置等。

1. 日常运行与维护

（1）雷季前，应对所有避雷器进行试验合格，并在雷季前投入，进入雷季时对全部过电压保护装置作全面检查，对于防操作过电压的保护装置，应全年投入运行。

（2）避雷器应装有动作记录器，每次雷电、操作后，应及时检查避雷器记录的运行情况，并做好记录和分析，判明原因。雷季规定每天记录动作情况。

（3）禁止在装有避雷线、针的构架建筑物上架设通信、低压线及其他导线。

（4）变电站内增添设备时，应检验核算避雷针、避雷线的保护范围以及避雷器的电气距离，并修改防雷接线图。

（5）在独立避雷针附近不宜开设人员经常通行的道路，必要时距离避雷针 3m 以外。

（6）避雷器正常运行和检查项目如下：

1）避雷器与导线、接地线连接是否良好。

2）避雷器套管表面有无放电、闪络现象和裂纹。

3）避雷器有否倾斜，连接螺栓是否良好。

4）避雷器内部是否有响声。

（7）变电站主接地网接地电阻每 5 年至少应测量一次，其值不得大于 0.5Ω；避雷针等独立接地装置的接地电阻每 5 年至少测量一次，其值不得大于 10Ω。

2. 异常情况及事故处理

（1）发现避雷器瓷套有裂纹、冒烟时，应立即汇报调度，如未造成接地，10kV 电压互感器柜内避雷器可使用隔离开关进行停用。

（2）发现避雷器瓷套裂纹或爆炸已造成接地，原则上禁止使用隔离开关停用故障避雷器，必须拉开相应断路器。

（3）发现接地装置锈蚀严重时，应及时涂除锈油漆或结合设备检修时予以更换。

第三节　大用户二、三次设备日常运行与异常处理

一、二次回路

1. 日常运行与维护

（1）日常运行中，运行人员在现场巡检时应进行下列检查。

1）各种表计指示是否正常，三相电压、三相负荷是否平衡，有否卡住。

2）盘上各红、绿灯指示是否与当时运行方式相符。

3）控制开关和各种大小开关是否在正确位置。

4）试验事故音响、预告信号是否良好，光字牌是否正确、良好。

5）中央信号盘上的监视灯是否亮。

6）检查直流回路绝缘是否正常、闪光装置是否良好。

7）检查盘后结线有无松动和掉落现象、有无变更。

8）继电器等元件外观是否良好、盖子是否严密。

9）有无异常响声，继电器接点位置是否正确、有无抖动，有无脱轴，转动元件有无异常。

10）各连接片试验部件的位置和接触情况是否正常。

11）各重合闸指示灯是否亮，信号继电器有无掉牌。

12）主变压器温度计指示是否正常。

13）系统运行方式与继电保护是否相符。

14）直流母线电压是否在 $220\times(1\pm2\%)$V 之间，若在巡检中发现异常情况时，运行人员应立即汇报。对一般缺陷能处理的应迅速处理，对于复杂缺陷或一时难以处理的应及时汇报，并在运行记录簿上做好记录。

（2）正常运行维护及注意事项。

1）当主变压器发生过负荷时，应加强监视，并记录温升负荷电流数值及各馈线负荷。

2）运行中的装置的投入，必要时在装置投入前用万用表测量压板两端无电压后再投入。投入和停用或更改整定值，应有调度的命令或整定单，并做好记录。

3）每当断路器故障跳闸后，应对保护装置和事故信号预告信号进行一次检查。

4）全部装置在巡检时必须进行全面检查。

5）新设备投产或大修后应加强检查。

6）注意监视表计指示情况，当母线电压变化很大，如超过允许值或下降时应立即汇报调度，此时应特别加强监视，直到系统恢复正常为止。

7）应随时注意监视盘上的指示及变化情况。

8）发现有特殊的响声及气味时，应立即找原因，并消除之。如无把握时应立即汇报调度，采取措施，并通知上级派人处理。

9）值班员应定期清扫盘面、盘后脏物、蛛丝等，清扫时应注意防止误碰和震动出口继电器，引起误动。

10）巡视时要注意断路器端子箱是否扣紧、是否漏水，电缆有无明显外伤。

（3）发现下列情况应立即汇报并采取措施：

1）指示仪器装置、信号装置、继电保护及自动装置等设备不正常时。

2）控制信号、保护回路熔丝熔断时。

3）发现电流互感器二次回路开路、电压互感器二次回路短路时。

4）继电保护动作时要做好时记录，在事故报警动作时，如继电保护误动，应尽可能保持原有状态，通知检修人员处理和查明原因。

（4）在配电盘二次回路上工作应遵守下列规定：

1）必须有与实际设备、结线符合的图纸，不准凭记忆工作。

2）在配电盘上工作应尽可能在无电情况下进行，若必须在有电情况下工作，则应遵守《安规》规定，并做好防止误动作的措施。

3）需要撤出变流器二次回路的表计时，必须使用短接片或短接线，将变流器二次回路进行可靠短接，以免造成变流器二次回路开路。

4）在继电保护盘上做振动较大的工作时，应做好安全措施，防止保护误动作，在征得同意后将速动保护停用。

2. 异常情况及事故处理

（1）电流互感器二次回路的故障处理。

1）发现仪表和一般保护的电流回路开路时，取得调度同意后，应立即穿好绝缘靴，戴好绝缘手套，将二次回路在盘后试验端子处用短接片短路后进行处理。

2）当差动二次回路故障时，应立即停用差动保护，并立即汇报调度进行处理，方法与上述1）相同，处理完毕后应仔细检查，拆除短接线，测试不平衡电压，合格后方可运行。

（2）指示仪表、控制开关、信号灯具故障处理。

1）检查信号灯的灯丝，如确认灯丝断了，立即更换灯泡。

2）如仪表等发生故障，征得调度同意后，将故障元件脱离电源后进行相应处理。

（3）电压互感器二次回路故障处理。

1）用电压切换断路器测量三相电压是否平衡，确定故障相别，并进行汇报。

2）用万用表检查回路界限，迅速找出断线地点、断线原因，并设法消除。

3）发现电压互感器二次回路熔丝熔断，应立即更换合格熔丝。

4）若更换二次熔丝时，即熔断，应确定故障原因后，方可更换熔丝。

5）电压互感器二次回路无法找到故障点时，可设法检查电压互感器一次回路，看其高压熔丝是否良好。

（4）上述故障的检查处理，应在监护下进行，处理完毕后，向调度汇报并做好记录。

二、主变压器保护

1. 日常运行与维护

（1）投运前和校验后的查验项目如图 3-5 所示。

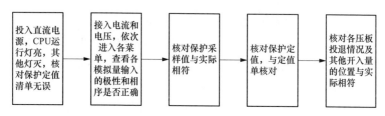

图 3-5　投运前和校验后的查验项目

（2）第一套保护测控装置为主变压器高、低压侧及本体测控装置，停用后无法实现主变压器高、低压侧断路器，中性点接地开关及调挡遥控操作。

（3）后备保护中功率方向元件的电压、电流均取自本侧的电压互感器和电流互感器。

（4）主变压器保护正常画面会显示三相差流的大小。差流会因为负荷的变动、分接头的调节、电流回路的异常等原因发生变化，一般正常值在几十毫安以下。一旦发生比较明显的变化，应及时分析最近有无影响差流的事件，有利于控制异常和事故。

（5）主变压器高、低侧后备动作后分别会闭锁高压侧备自投和低压侧备自投，主变压器高侧后备动作后还会闭锁主变压器分接头调挡。

2. 异常情况及事故处理

（1）保护装置因故障或者异常需重启时，应得到调度许可，先将出口连接片取下后，重新开启电源后，再放上出口连接片，防止重启过程中保护误动作出口。

（2）主变压器空载投入时经常产生励磁涌流，根据励磁涌流随时间衰竭的特点在整定中一般已考虑躲过，但不排除无法躲过致使保护动作的情况，此时可以根据故障录波器波形判断是励磁涌流引起的还是故障引起的，若波形确认为励磁涌流，可以再次试投变压器，否则需检修处理。

（3）装置发生异常告警时，液晶背景光将打开，自动弹出相应记录报文，同时告警灯亮。直至按下"复归"键，若此时告警状态仍未消除，则"告警"灯不熄灭，直至操作人员排除故障后，再次下"复归"键，"告警"灯才能熄灭。

（4）常见异常告警说明及处理方法如表 3-7 所示。

表 3-7　　　　　　　常见异常告警说明及处理方法

序号	报告信息	说明	处理方法
1	装置硬件自检类告警信息	装置相应硬件不正常，发"告警"信号，闭锁保护	紧急缺陷，通知厂家
2	定值自检出错	定值或压板整定值有错误	紧急缺陷，重新整定定值或压板（处理后再次出错，通知厂家处理）
3	TA 异常	TA 二次回路故障	紧急缺陷，检查 TA 二次回路及 SV 回路（采样值输出回路）
4	差流越限	差动电流大于 $0.2I_e$（I_e 指额定电流），且时间大于 5s	重要缺陷，检查 TA 极性是否正确

序号	报告信息	说明	处理方法
5	比差平衡系数超界告警	某侧比差平衡系数小于 0.01 或大于 40	重要缺陷,检查所设系统参数定值
6	基准电流过小告警	第 1 侧二次额定电流乘第 1 侧平衡系数后小于 0.1A	重要缺陷,检查所设系统参数定值
7	绕组接线方式不一致	绕组接线方式与变压器接线钟点数不匹配	重要缺陷,检查所设绕组接线方式与变压器接线钟点数
8	TA 异常告警	电压回路断线,发"告警"信号,闭锁部分保护	重要缺陷,检查电压二次回路接线和 SV 回路
9	保护长期启动	保护长期启动	紧急缺陷,检查保护采样与运行状态
10	直跳口 GOOSE 断链	相应直跳 GOOSE 开出通信断链	紧急缺陷,检查直跳 GOOSE 开出配置及网络通信状态
11	SV 采样丢帧	SV 采样丢帧	重要缺陷,检查相应 GOOSE 开入配置及网络通信状态
12	SV 检修不一致	SV 与装置的检修状态不一致	重要缺陷,检查 SV 与装置的检修状态
13	SV 通道异常	相应 SV 通道异常	紧急缺陷,检查相应 GOOSE 开入配置及网络通信状态
14	GOOSE 检修不一致	GOOSE 与装置的检修状态不一致	重要缺陷,检查 GOOSE 与装置的检修状态
15	GOOSE 通道异常	GOOSE 开入通道异常总信号	紧急缺陷,检查相应网络通信状态
16	GPS 消失	装置 GPS 对时脉冲消失	重要缺陷,检查 GPS 对时脉冲回路

三、电压并列装置

1. 日常运行与维护

（1）当电压互感器二次侧需要并列时,其高压侧必须并列。

（2）电压并列的条件：

1）母分断路器在合位。

2）母分断路器手车在工作位置。

3）母分过渡手车在工作位置。

4）电压切换断路器在并列位置。

（3）母线电压未并列时，装置上Ⅰ TV 投入和Ⅱ TV 投入灯亮，"并列"指示灯均熄灭；母线电压并列后，应检查并列装置上对应"并列"指示灯亮，还需检查后台电压显示是否正常。

（4）并列解列切换断路器正常置于"分列"位置，并列时置于"并列"位置，严禁将切换断路器置于其他位置。

2. 异常情况及事故处理

发生以下情况，均应上报缺陷，尽快处理：

（1）电压并列装置上的指示灯在母线电压未并列时，指示灯亮。

（2）电压并列装置上的指示灯在母线电压并列时，对应母线指示灯未亮。

四、BZT 装置

1. 日常运行与维护

（1）备自投装置应放在正确的定值区。

（2）保护正常运行时，装置会自检，当检查装置有故障时，会发出报警信号。

（3）应经常对装置时钟进行核对，以保证装置时钟正确。

（4）并列操作或者合环操作时应先将 BZT 改为信号状态。

（5）BZT 应动作而未动作时，为快速送电，应根据 BZT 动作逻辑，拉开和合上相应断路器，检查 BZT 未动作的原因，并告知调度和上级部门。

（6）巡视时应检查 BZT 充电指示灯正常。

2. 异常情况及事故处理

（1）保护装置因故障或者异常需重启时，应得到调度许可，先将出口压板取下，重新开启电源后，再放上出口压板，防止重启过程中保护误动作出口。

（2）装置发生异常告警时，液晶背景光将打开，自动弹出相应记录报文，同时告警灯亮。直至按下"复归"键，若此时告警状态仍未消除，则"告警"灯不熄灭，直至操作人员排除故障后，再次下"复归"键，"告警"灯才能熄灭。

五、自动重合闸装置

1. 日常运行与维护

（1）重合闸装置运行规定。

1）断路器合闸运行后无特殊情况应投入重合闸装置。

2）在下列情况下重合闸不应投入。

a. 当重合闸继电器本身有故障时。

b. 当断路器传动装置失灵，用手动合闸运行时。

c. 断路器故障跳次数已达到规定跳闸次数前一次。

d. 断路器遮断容量不足时。

3）重合闸投入时，重合闸压板均应置于投入位置，重合闸指示灯亮。

4）当线路故障跳闸后进行强送电时，应根据调度命令，停用重合闸。

（2）正常运行时的维护检查项目。

1）重合闸继电器指示灯是否亮。

2）重合闸出口连接片是否与线路状态一致。

3）重合闸继电器本身有无焦味现象。

4）非雷季重合闸装置每月试验一次，检查是否完好；雷季每周试验一次，如遇雷雨或大风时重合闸试验可延期进行。

（3）重合闸动作后的处理。

1）重合闸动作不成功时，应迅速复归控制断路器。

2）检查继电器保护动作情况，判断重合闸动作是否正确。

3）检查重合闸信号继电器掉牌情况并复归。

4）重合闸成功时，应对重合闸继电器进行一次检查。

2. 异常情况及事故处理

异常情况及事故处理见表 3-8。

表 3-8 异常情况及事故处理

异常情况	原因分析
重合闸指示灯不亮	（1）控制回路的熔丝熔断。 （2）灯泡断丝，灯阻断线。 （3）控制断路器触点接触不良。 （4）指示灯座接触不良
断路器故障跳闸时，重合闸动作不正常	（1）断路器操作机构不正常，辅助触点位置不准确、接触不良。 （2）跳闸位置继电器触点接触不良，合闸回路断线。 （3）后加速中间继电器的触点接触和切换不良
线路事故跳闸时，重合闸无动作	应认为重合闸装置失灵，通知调度是否可以强送

第四章

电力大用户安全管理及应急机制

第一节　接入电网总体规定及要求

一、电力大用户在接入电网的过程中需办理相关手续，并严格执行相关要求。

（1）接入电网规定及要求

电力大用户接入电网的准备流程如图 4-1 所示。

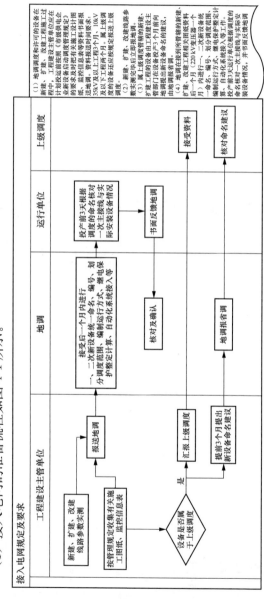

图 4-1　接入电网的准备流程

（2）新设备投产启动必须具备的条件。启动范围内的全部设备具备启动条件，并正式向有关调度汇报，启动前设备状态已按调度启动方案调整完毕，见表 4-1。

表 4-1　　　　　　　　　　　新设备投产条件

项目	投产条件
用户	电厂和直接调度用户已取得有关政府部门颁发的法定许可证
	满足国家、行业和浙江电网的技术标准和管理规范
	具备并网运行技术条件
	涉网设备应按规定验收合格
	已签订《并网调度协议》
一次设备	设备竣工验收结束，质量符合安全运行要求
	设备载流能力经运检部门核定，并提交正式材料
	设备参数测量完毕（除需在启动过程中测试者外）
	生产准备工作就绪，运行人员考核合格，规程、制度、图纸齐全
	现场新设备已命名，调度关系明确，标记明显
二次设备	新建、扩建、改建工程的二次设备（继电保护、通信、自动化）应与一次设备同步规划、同步建设、同步投运
	厂站端自动化系统调试，应按照有关验收和检验规程通过验收，各项功能和技术指标符合要求，传动试验合格，满足调控一体化的各项要求
	完成与调度监控系统传输主备通道的开通以及数据传输、核对、联调等工作
	变电站投运前完成区域无功电压自动控制系统（AVC）的闭环测试工作
其他	有设备视频接入的变电站，应完成视频的调试验收工作
	电能计量关口已经有关部门确定，计量装置齐全、校验合格
	调度电话已开通，且具备两种独立的通道，其他调度通信通道的可靠性、技术指标满足规定要求

（3）新建、扩建、改建工程应由所属运行单位在投入运行前 1 个月提出新设备投产报告，并应附下列资料。

1）主要设备规范、参数（先报设计值，实测后按调度要求再报实测值）。

2）负荷资料。

3）投运设备名称、启动投产申请日期、启动范围、试验项目及要求（包括冲击、核相和带负荷试验等）。

4）变电站所属变电运维站（班）及运维人员名单。

5）新设备有关技术资料，现场运行规程和典型操作票。

（4）属用户资产的设备投运由营销部门（用户）办理新设备投运申请手续，并担任工作负责人。

工程建设主管部门应于工程启动前做好协调工作，对启动方案、操作方案提出具体要求。

地调依据新设备投产报告及系统的实际情况，编制新设备投产启动方案。提前一周以书面形式发送有关单位，以便各有关单位做好准备。主要内容如图 4-2 所示。

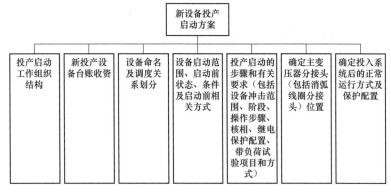

图 4-2　新设备投产启动方案

（5）新设备投运启动前需由设备运维负责人向值班调度员汇报新设备情况以及可否投入系统运行的结论性意见。汇报结束后，新设备即属调度管辖设备（或许可设备），未经调度指令（许可）不得进行任何操作和工作。设备报投后由值班调度员按启动方案投运新设备。

新设备投入运行前，地调有关人员应熟悉现场设备、熟悉现场运行规程和运行方式，做好事故预案，并做好下列工作：

1）核实调度自动化系统一次接线图及潮流图。

2）建立和修改有关设备的档案、参数资料等。

二、电力大用户退出电网也需办理相关手续

（1）设备退役条件如图 4-3 所示。

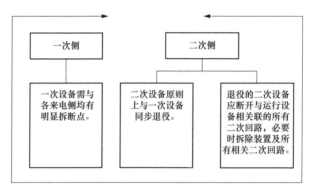

图 4-3　设备退役条件

（2）电力用户的调度管辖（许可）设备退役流程如图 4-4 所示。

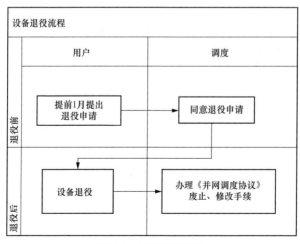

图 4-4　设备退役流程

第二节　电力大用户并网前五大专业
验收标准

一、调度验收标准

调度验收标准见表 4-2。

表 4-2　　　　　　　　调度验收标准

序号	专业	内容	是否达标	整改意见
1	调度	《调度并网协议》已签订，调度关系明确。调度管辖范围划分有明细表，现场新设备已按规定命名，标记正确、明显		
2	调度	各项运行管理制度（如交接班、值班、巡回检查、设备试验及检修、岗位职责等管理制度）制定完成，并成册		
3	调度	现场运行规程、操作说明编制完成（包括继电保护装置的运行操作说明等），并成册；典型操作票全部编制完成，符合相关调度规程的要求，并成册		
4	调度	有调度受令权的运行值班人员必须根据《电网调度管理条例》及有关规定，经过严格的专业、安全培训，取得相应的合格证书，持证上岗。将有调度受令权的运行值班人员名单、上岗证书复印件及联系方式上报地调		
5	调度	事故调查制度及事故预想方案		
6	调度	厂用电保证措施		
7	调度	与调度联系电话应具备完好的录音功能		

二、运方验收标准

运方验收标准见表 4-3。

表 4-3　　　　　　　　运 方 验 收 标 准

序号	专业	内容	是否达标	整改意见
1	运方	新设备命名建议书、机组调试计划、升压站和机组启动调试方案		
2	运方	电厂运行、检修规程齐备，相关的管理制度齐全，其中涉及电网安全的部分应与所在电网的安全管理规定相一致		
3	运方	电气一次接线图，机组开、停曲线图和机组升、降负荷的速率，进相、一次调频有关参数和资料。风电、太阳能机组应具有相应发电功率预测系统		
4	运方	潮流、稳定计算和继电保护整定计算所需的发电机（包括调速器、励磁系统）、主变压器等主要设备技术规范、技术参数及实测参数（包括主变压器零序阻抗参数）		
5	运方	机组励磁系统及 PSS 装置（设计、实测参数）、低励限制、失磁、失步保护及动态监视系统的技术说明书和图纸		
6	运方	运方专业联系人及联系方式		

三、继保验收标准

继保验收标准见表 4-4。

表 4-4　　　　　　　　继 保 验 收 标 准

序号	专业	内容	是否达标	整改意见
1	继保	电厂继电保护及安全自动装置（包括励磁系统、调速系统）须符合国家标准、电力行业标准和其他有关规定，按经国家授权机构审定的设计要求安装、调试完毕，经国家规定的基建程序验收合格		
2	继保	与电网运行有关的继电保护及安全自动装置图纸（包括发电机、变压器整套保护图纸）、说明书，电力调度管辖范围内继电保护及安全自动装置的安装调试报告		

续表

序号	专业	内容	是否达标	整改意见
3	继保	电厂所属继电保护及安全自动装置的整定计算，对所属继电保护及安全自动装置进行调试并定期进行校验、维护，使其满足原定的装置技术要求，符合整定要求，并保存完整的调试报告和记录		
4	继保	与电网运行有关的继电保护及安全自动装置必须与电网继电保护及安全自动装置相配合，相关设备的选型应征得电力调度机构的认可		
5	继保	严格执行国家及有关部门颁布的继电保护及安全自动装置反事故措施		
6	继保	继电保护专业联系人及联系方式		

四、自动化验收标准

自动化验收标准见表4-5。

表 4-5 自动化验收标准

序号	专业	内容	是否达标	整改意见
1	自动化	电厂调度自动化系统须符合国家标准、电力行业标准和其他有关规定进行设计，采用成熟可靠的设备，实时信息和远动数据的数量和精度应满足国家有关规定和电力调度机构的运行要求		
2	自动化	电厂的二次系统按照《电力二次系统安全防护规定》（电监会第5号令）和《电力二次系统安全防护总方案》（电监会34号文）的要求及有关规定，已实施安全防护措施，并经电力调度机构认可，具备投运条件		
3	自动化	电厂电能计量系统应通过具有相应资质检测机构的测试，保证数据的准确传输。电能计量装置参照 DL/T 448—2016《电能计量装置技术管理规程》进行配置，并通过测试和验收。电量采集与传输装置应按照符合国家标准或行业标准的传输规约传送至电力调度机构的调度自动化系统和电能计量系统		

序号	专业	内容	是否达标	整改意见
4	自动化	电厂调度自动化系统按相关标准进行安装、调试，施工工艺合格，应有标注规范的标志牌。已完成站内调试和调度端的联调，已进行自验收并合格		
5	自动化	自动化设备的供电电源应配专用的不间断电源（UPS），相关设备应加装防雷（强）电击装置，同时应可靠接地		
6	自动化	电厂调度自动化设备技术说明书、技术参数以及设备安装调试报告、联调记录、电能计量系统竣工验收报告，二次系统安全防护有关方案和技术资料等文件应齐备，内容真实、正确，验收处应手工签名		
7	自动化	根据本厂情况制定自动化系统应急预案，内容详尽，具可操作性		
8	自动化	自动化专业联系人及联系方式		

五、通信验收标准

通信验收标准见表 4-6。

表 4-6　　　　　通 信 验 收 标 准

序号	专业	内容	是否达标	整改意见
1	通信	电厂电力调度通信设施须符合国家标准、电力行业标准和其他有关规定，按经国家授权机构审定的设计要求安装、调试完毕，经国家规定的基建程序验收合格		
2	通信	与调度通信网互联或有关的通信工程图纸、设备技术规范以及设备验收报告等文件齐全		
3	通信	按照调度通信系统运行和管理规程、规范，具备两条不同的路由，电厂端调度通信系统可靠运行		

续表

序号	专业	内容	是否达标	整改意见
4	通信	调度通信系统故障防范措施齐全		
5	通信	电力通信网互联的通信设备选型和配置应协调一致，并征得甲方的认可		
6	通信	通信专业联系人及联系方式齐全		

第三节　建立完备应急体系

一、应急响应管理基本要求

电力应急管理基本目的就是快速、有序、高效地控制突发事件的发展，将损失减小到最低程度；而电力应急预案体系建设是实现这一目标的途径之一。建立统一的应急预案制定、实施的标准应坚持的基本原则如图 4-5 所示。

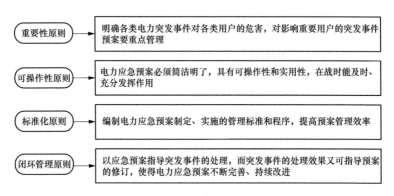

| 重要性原则 | 明确各类电力突发事件对各类用户的危害，对影响重要用户的突发事件预案要重点管理 |

| 可操作性原则 | 电力应急预案必须简洁明了，具有可操作性和实用性，在战时能及时、充分发挥作用 |

| 标准化原则 | 编制电力应急预案制定、实施的管理标准和程序，提高预案管理效率 |

| 闭环管理原则 | 以应急预案指导突发事件的处理，而突发事件的处理效果又可指导预案的修订，使得电力应急预案不断完善、持续改进 |

图 4-5　基本原则

应急管理是一个完整的系统工程，可以概括为"一案三制"。"一案"是指应急预案，就是根据发生和可能发生的突发事件，事先研究制定的应对计划和方案。"三制"是指应急工作的管理体制、运行机制和法制,如图 4-6 所示。

图 4-6 一案三制

二、应急响应管理中存在的问题

应急响应管理中存在的问题如图 4-7 所示。

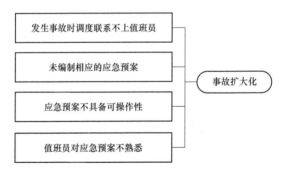

图 4-7 应急响应管理中存在的问题

三、整改措施

1. 建立完善联络机制、流程

建立完善的联络体系。制定专线大用户调控业务三级联络制度,即值班电工、电气负责人、生产负责人三级联络方式,实现日常调控业务联系值班电工,生产检修计划交流配合联系电气负责人,设备紧急消缺和事故停电必要时联系生产负责人,确保调控业务联系畅通和应急处置顺利开展,如图 4-8 所示。

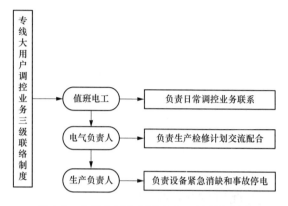

图 4-8　专线大用户调控业务三级联络制度

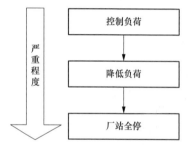

图 4-9　应急响应预案严重情况

2. 制定分级应急响应预案

应急响应预案根据调度的要求进行分类，电力用户可制定相应预案，必要时报调度备案。

根据严重情况一般具体分类如图 4-9 所示。

3. 定期开展反事故演习

（1）电力企业应当结合本单位安全生产和应急管理工作实际情况定期组织预案演练，以不断检验和完善应急预案，提高应急管理和应急技能水平。

（2）电力企业应当制定年度应急预案演练计划，增强演练的计划性。根据本单位的事故预防重点，每年应当至少组织一次专项应急预案演练，每半年应当至少组织一次现场处置方案演练。

（3）电力企业在开展应急演练前，制定演练方案，明确演练目的、演练范围、演练步骤和保障措施等。

（4）电力企业在开展应急演练后，应当对应急预案演练进行评估，并针对演练过程中发现的问题对相关应急预案提出修订意见。评估和修订意见应当有书面记录。

第五章

案 例 分 析

第一节 主变压器故障

（1）如果是故障主变压器主保护动作引起其所接低压侧母线失电，在确认隔离故障点、检查失电母线无损伤后，可以用母分断路器送电，但应考虑不要使主变压器过载，建议逐级送，投入相应的保护；如果造成所用电失去，应考虑恢复站用电。

（2）如果母分备自投动作将失电母线由正常运行主变压器供电，或者该母线所带下级变电站失电后通过备自投动作倒至备用线路供电，都应注意新带该负荷的变电站主变压器或线路有无过载可能。短时失电的下级变电站应注意备自投、线路保护等按规定投退。

（3）如果该变电站的运行主变压器有过载现象，可参考下列步骤处理：

1）如果该变电站下并网机组没有发足，可通知其全出力顶峰发电。

2）如果有备用主变压器，可考虑投入。（如果操作方便的话，可优先考虑）

3）如果主变压器虽然短时过载，但在该主变压器允许过载倍数以内，调度员可通过拉电或转移负荷的方式来控制负荷，在主变压器允许过载倍数规定的处理时间内控制主变压器至额定负载以内。如果控制效果不明显，则可排定顺序依次拉路限电。（该运行方式下的变电站即使有主变压器短时过载，一般情况下过载也不会很严重，故使用紧急限电序位表时需谨慎）

第二节 母线故障

（1）停电的用户或变电站可请供电站配合转移，需充分考虑负荷情况及转移方案，母分断路器为地调设备，状态改变需要地调许可。

（2）如果经检查无明显故障点，建议做母线绝缘试验，有合格结论后请示领导和上级调度恢复送电。

（3）对停电母线，如有明显故障点，例母线有损伤则母线改检修，等待消缺。

第三节　线 路 故 障

一、线路跳闸处理的一般原则

（1）强送电的断路器要完好，并应具有快速动作的继电保护。现场值班人员在强送前应检查断路器状况，断路器能否强送由现场值班员检查和判断确定。如发现断路器有喷油，油色严重发黑、压力不正常等现象时，一般不再强送。

（2）遇大雾、连续雷击，或者天气晴好时明显近距离故障等跳闸，视负荷情况可暂不考虑强送，待恶劣的气象条件转好或了解情况后再考虑强送。

（3）当达到断路器允许切除故障规定次数的前一次或断路器经外部检查发现不正常时，现场值班人员应根据现场规程规定向值班调度员合闸改信号。

（4）工作单位已向值班调度员申请提出要求重合闸改信号或故障跳闸后不得强送的，值班调度员只有在得到工作单位专职联系人的同意后才能强送电。

（5）强送前考虑重合闸方式调整。

（6）如果重要负荷失电，在条件允许的情况下，可考虑遥控操作送电。

二、35kV 线路故障跳闸未造成变电站失电

（1）35kV 线路故障并重合成功。掌握保护动作情况、故障相别、保护及故障录波器测距等信息，并许可 35kV 运行班对故障线路的事故进行带电巡线工作。

（2）35kV 线路故障重合失败（或未投重合闸），下送变电站备自投正确动作。35kV 变电站转移至另一线路供电，应考虑相应的主变压器、线路是否过载，下送变电站备自投改信号，对故障线路一般不立即予以强送。

（3）空充线路或双回路并列运行线路之一跳闸。不予强送，相关变电站 35kV 备自投改信号。

三、35kV 线路故障跳闸造成变电站失电

对失电的大用户应首先考虑保安电源，对失电变电站应首先考虑站用电。

（一）双电源，35kV 备自投未动作（或未装 35kV 备自投）

1. 线路上有故障

（1）线路保护 I 段动作测距显示故障点在 I 段范围内，且经检查确认 35kV 变电站内无异常，则基本可判断故障点在线路上。

（2）考虑隔离故障点，用备用线路送电，送电时应注意相应的主变压器、线路是否过载，相关变电站 35kV 备自投改信号。如跳闸线路故障明确，一般不予强送。

2. 暂时无法确定故障点

（1）线路保护 I 段动作且测距显示故障点不在 I 段范围内，或线路保护 II 段或 III 段或 IV 段动作，则待值班人员赶到变电站现场做详细检查确认变电站内部母线、主变压器等设备有无故障（此处需根据调度管辖范围与上级调度协调处理）。

（2）如果变电站内有故障点，需隔离故障点，根据具体情况选择用主供或备用线路逐级送电。

（3）如果变电站内无故障点，为供电线路故障，可用备用线路逐级送电。送电时应考虑相应的主变压器、线路是否过载。

（4）送电时应注意相应的主变压器、线路是否过载。如跳闸线路故障明确，一般不予强送。

（二）单电源

1. 线路上有故障

线路保护 I 段动作测距显示故障点在 I 段范围内，且经检查确认 35kV 变电站内无异常，则基本可判断故障点在线路上。可以考虑将线路对侧断路器改为热备用后，分情况考虑强送。

（1）全电缆线路：不予强送，考虑借电转供重要负荷。

（2）电缆与架空线混合线路：应根据故障点的判断而决定是否强送。若强送失败，考虑借电转供重要负荷。

（3）架空线路：可以在不查明故障情况下进行一次强送。若强送失败，考虑借电转供重要负荷。

2. 暂时无法确定故障点

（1）线路保护 I 段动作且测距显示故障点不在 I 段范围内，或线路保护 II 段或 III 段或 IV 段动作，则待值班人员赶到变电站现场做详细检查确认变电站内部母线、主变压器等设备有无故障（此处需根据调度管辖范围与上级调度协调处理）。

（2）如果变电站内有故障点，需隔离故障点，考虑强送一次。

（3）如果变电站无故障点，为供电线路故障，考虑低压侧倒送电或借电转供重要负荷。送电时应注意相应的主变压器、线路是否过载。如跳闸线路故障明确，一般不予强送。

第四节　接地或消弧线圈脱谐度过低

（1）如果馈线对侧的变电站电压异常，则可确定有接地点。

（2）在接地母线系统拉开电容器断路器（包括电容器母线断

路器）、站用变压器断路器（站用电先进行切换到正常母线）等设备。

（3）逐一试拉各馈线，并判断是否消弧线圈脱谐度过低。（发生谐振时应优先拉开电容器断路器、站用变压器断路器，其次拉开空气充电线路，再逐一试拉各馈线，最后拉开主变压器断路器）。

（4）再次检查母线上的所有设备，户外设备检查均没有问题后，再检查户内设备。母线并列，接地母线系统主变压器断路器热备用，以确定接地点是否会在该主变压器断路器主变压器侧。如果确定接地点在母线与主变压器断路器之间，需停役主变压器隔离故障。

（5）多点同相接地。将该母线所有馈线都拉闸，确定是不是母线故障，再逐一试送馈线，确定故障线路。

第五节　误操作事故案例

1. 事故经过

某用户变压器1、2号主变压器轮流检修。当时2号主变压器运行，在1号主变压器检修结束，复役操作过程中，1号主变压器改为冷备用后，调度发布正令"合上1号主变压器35kV母线隔离开关"。

操作人员接令后在运行日志中却误记录"将1号主变压器10kV断路器由冷备用状态改为运行状态"，并走错间隔，走到了1号主变压器10kV母线隔离开关左边的10kV母分断路器Ⅰ段母线隔离开关间隔，并用紧急解锁钥匙进行解锁后，拉开了10kV母分断路器Ⅰ段母线隔离开关，造成了带负荷拉闸，引起10kV母分间隔Ⅰ段母线隔离开关三相弧光短路。

2. 事故原因分析

（1）运行人员责任心不强，业务素质低下。

（2）监护人和操作人对各自职责不清。

（3）严重违反国家电网公司颁布的《防止电气误操作装置管理规定》。

（4）违反电力系统中"操作中断，重新开始时，应重新核对设备命名并唱票、复诵"规定，跑错间隔。

（5）监护人和操作人安全意识淡薄，违章现象严重。

3.防范措施

（1）正确接受调度命令。

（2）开展操作前的危险点分析。

（3）严格按照"六要七禁八步一流程"执行操作。

（4）认真执行《防止电气误操作装置管理规定》。

（5）加强运行人员技术培训和安全教育。

附录 A　电网调度术语、操作术语及操作任务形式与内容

（1）"运行状态"。是指设备的隔离开关、断路器都在合上位置或无断路器设备的隔离开关（过渡小车）在合上位置，将电源端至受电端的电路接通；所有的继电保护及自动装置均在投入位置（调度有要求的除外），控制及操作回路正常。

（2）"热备用状态"。是指设备只有断路器断开，而隔离开关仍在合上位置，其他同运行状态。

（3）"冷备用状态"。是指设备的断路器、隔离开关都在断开位置（包括线路电压互感器隔离开关），取下线路电压互感器二次熔丝及母差保护、失灵保护连接片。

1）当线路电压互感器隔离开关连接避雷器时，线路改冷备用操作时线路电压互感器隔离开关不拉开，只有当线路改检修状态时，才拉开线路电压互感器隔离开关。

2）当线路电压互感器隔离开关没有连接避雷器时，线路改冷备用状态时应把线路电压互感器隔离开关拉开后（无高压隔离开关的电压互感器当低压熔丝取下后）即处于冷备用状态。

（4）"检修状态"。是指设备的所有断路器、隔离开关均断开，挂上接地线或合上接地隔离开关，挂好工作牌。装好临时遮栏，该设备即为"检修状态"，根据不同的设备分为"断路器检修""线路检修"等。

1）"线路检修"。是指线路的断路器、母线及线路隔离开关都在断开位置，有线路电压互感器者应将其隔离开关拉开或取下高低压熔丝。线路接地开关在合上位置（或装设接地线）取下母差保护、失灵保护连接片。

2）"断路器检修"。是指断路器两侧隔离开关均拉开，断路

器操作回路熔丝取下。断路器的纵差 TA 脱离纵差回路、母差 TA 脱离母差回路（先停用母差，母差流变回路拆开并短路接地，测量母差不平衡电流在允许范围，再投母差保护）。母差保护具备母差 TA 按母线隔离开关位置自动切换的，应检查切换情况，然后在断路器两侧或一侧合上接地隔离开关（或装设接地线）。

（5）主变压器检修也可分为"断路器"或"主变压器"检修，即在断路器两侧或主变压器各侧合上接地开关（或挂上接地线）。对于无主变压器高压侧隔离开关的线路变压器组接线方式，主变压器任何一侧合上接地开关（或挂上接地线）定义为"主变压器"检修，进线断路器两侧合上接地开关（或挂上接地线）定义为"主变压器及断路器"检修。

（6）母线运行、检修更改。

1）"××母线由运行改为检修"应包括母联和母线电压互感器均改为冷备用状态。对于在母线电压互感器柜用接地手车将母线接地的"××母线由运行改为检修"还应包括母线电压互感器改为检修。

2）"××母线由检修改为运行"应包括母联和母线电压互感器均改为运行状态。对于在母线电压互感器柜用接地手车将母线接地的"××母线由检修改为运行"还应包括母线电压互感器改为运行。

（7）手车断路器几种状态。

1）"冷备用状态"：指断路器断开，手车拉至试验位置。过渡触头手车也改为冷备用或隔离开关改为断开。

2）"线路检修"：指断路器断开，断路器手车及电压互感器手车均拉至试验位置，在线路触头线路侧挂上接地线。

3）"断路器检修"：指断路器断开，断路器手车拉至柜外，线路电压互感器手车均拉至试验位置。

4）"断路器及线路检修（含线路电压互感器改检修）"：指断路器断开，断路器手车及电压互感器手车均拉至柜外，在线路触头线路侧挂上接地线。

5)"母分断路器检修":指断路器断开,断路器手车及过渡触头手车均拉至柜外。

6)"母线电压互感器冷备用":指母线电压互感器手车拉至试验位置。

7)"母线电压互感器检修":指母线电压互感器手车拉至柜外。

8)"避雷器冷备用":指避雷器手车拉至试验位置。

9)"避雷器检修":指避雷器手车拉至柜外。

(8)线路间隔(包括主变压器间隔)设备只有"运行""热备用""冷备用""线路检修"四种运行状态。

1)"运行":指母线隔离开关合上,断路器母线侧接地开关断开,断路器合上。

2)"热备用":指母线隔离开关合上,断路器母线侧接地开关断开,断路器断开。

3)"冷备用":指母线隔离开关断开,断路器母线侧接地开关断开,断路器断开。

4)"线路检修":指母线隔离开关断开,断路器母线侧接地开关合上,断路器断开。

(9)母线电压互感器及母线避雷器只有"运行""冷备用""检修"三种状态。

1)"运行":指母线隔离开关合上,断路器母线侧接地开关断开。

2)"冷备用":指母线隔离开关断开,断路器母线侧接地开关断开。

3)"检修":指母线隔离开关断开,断路器母线侧接地开关合上。

附录B 操作票相关要求

（1）倒闸操作由操作人员填用操作票。

（2）操作票应用黑色或蓝色的钢（水）笔或圆珠笔逐项填写。用计算机开出的操作票应与手写票面统一；操作票票面应清楚整洁，不得任意涂改。操作票应填写设备的双重名称，即设备名称和编号。操作人和监护人应根据模拟图或接线图核对所填写的操作项目，并分别手工或电子签名，然后经运行值班负责人（检修人员操作时由工作负责人）审核签名。

（3）每张操作票只能填写一个操作任务。

（4）下列项目应填入操作票内：

1）应拉合的设备［断路器、隔离开关、接地开关（装置）等］，验电，装拆接地线，合上（安装）或断开（拆除）控制回路或电压互感器回路的空气断路器、熔断器，切换保护回路和自动化装置及检验是否确无电压等。

2）拉合设备［断路器、隔离开关、接地开关（装置）等］后检查设备的位置。

3）进行停、送电操作时，在拉、合隔离开关，手车式断路器拉出、推入前，检查断路器（开关）确在分闸位置。

4）在进行倒负荷或解、并列操作前后，检查相关电源运行及负荷分配情况。

5）设备检修后合闸送电前，检查送电范围内接地开关（装置）已拉开，接地线已拆除。

6）直流输电控制系统对断路器进行锁定操作。

（5）倒闸操作的基本条件。

1）有与现场一次设备和实际运行方式相符的一次系统模拟图（包括各种电子接线图）。

2）操作设备应具有明显的标志，包括命名、编号、分合指示、旋转方向、切换位置的指示及设备相色等。

3）高压电气设备都应安装完善的防误操作闭锁装置。防误操作闭锁装置不得随意退出运行，停用防误操作闭锁装置应经本单位分管生产的行政副职或总工程师批准；短时间退出防误操作闭锁装置时，应经变电站站长或发电厂当班值长批准，并应按程序尽快投入。

4）有地调值班调度员、运行值班负责人正式发布的指令，并使用经事先审核合格的操作票。

5）下列三种情况应加挂机械锁。

a. 未装防误操作闭锁装置或闭锁装置失灵的隔离开关手柄、阀厅大门和网门。

b. 当电气设备处于冷备用时，网门闭锁失去作用时的有电间隔网门。

c. 设备检修时，回路中的各来电侧隔离开关操作手柄和电动操作隔离开关机构箱的箱门。

机械锁要一把钥匙开一把锁，钥匙要编号并妥善保管。

（6）倒闸操作的基本要求。

1）停电拉闸操作应按照断路器—负荷侧隔离开关—电源侧隔离开关的顺序依次进行，送电合闸操作应按与上述相反的顺序进行。禁止带负荷拉合隔离开关。

2）开始操作前，应先在模拟图（或微机防误装置、微机监控装置）上进行核对性模拟预演，无误后，再进行操作。操作前应先核对系统方式、设备名称、编号和位置，操作中应认真执行监护复诵制度（单人操作时也应高声唱票），宜全过程录音。操作过程中应按操作票填写的顺序逐项操作。每操作完一步，应检查无误后做一个"√"记号，全部操作完毕后进行复查。

3）进行监护操作时，操作人在操作过程中不准有任何未经监护人同意的操作行为。

4）操作中发生疑问时，应立即停止操作并向发令人报告。待发令人再行许可后，方可进行操作。不准擅自更改操作票，不准随意解除闭锁装置。解锁工具（钥匙）应封存保管，所有操作人员和检修人员禁止擅自使用解锁工具（钥匙）。若遇特殊情况需解锁操作，应经运行管理部门防误装置专责人到现场核实无误并签字后，由运行人员报告当值调度员，方能使用解锁工具（钥匙）。单人操作、检修人员在倒闸操作过程中禁止解锁。如需解锁，应待增派运行人员到现场，履行上述手续后处理。解锁工具（钥匙）使用后应及时封存。

5）电气设备操作后的位置检查应以设备实际位置为准，无法看到实际位置时，可通过设备机械位置指示、电气指示、带电显示装置、仪表及各种遥测、遥信等信号的变化来判断。判断时，应有两个及以上的指示，且所有指示均已同时发生对应变化，才能确认该设备已操作到位。以上检查项目应填写在操作票中作为检查项。

6）用绝缘棒拉合隔离开关、高压熔断器或经传动机构拉合断路器和隔离开关，均应戴绝缘手套。雨天操作室外高压设备时，绝缘棒应有防雨罩，还应穿绝缘靴。接地网电阻不符合要求的，晴天也应穿绝缘靴。雷电时，一般不进行倒闸操作，禁止在就地进行倒闸操作。

7）装卸高压熔断器，应戴护目眼镜和绝缘手套，必要时使用绝缘夹钳，并站在绝缘垫或绝缘台上。

8）断路器遮断容量应满足电网要求。如遮断容量不够，应将操作机构用墙或金属板与该断路器隔开，应进行远方操作，重合闸装置应停用。

9）电气设备停电后（包括事故停电），在未拉开有关隔离开关和做好安全措施前，不得触及设备或进入遮栏，以防突然来电。

10）单人操作时不得进行登高或登杆操作。

11）在发生人身触电事故时，可以不经许可，即行断开有关设备的电源，但事后应立即报告调度（或设备运行管理单位）和上级部门。

12）下列各项工作可以不用操作票：

a. 事故应急处理。

b. 拉合断路器的单一操作。

（7）上述操作在完成后应做好记录，事故应急处理应保存原始记录。

（8）同一变电站的操作票应事先连续编号，计算机生成的操作票应在正式出票前连续编号，操作票按编号顺序使用。作废的操作票，应注明"作废"字样，未执行的应注明"未执行"字样，已操作的应注明"已执行"字样。操作票应保存一年。

附录 C　设备各种状态改变的操作步骤

设备状态	改变后状态			
	运行	热备用	冷备用	检修
运行		（1）拉开必须切断的断路器。 （2）检查所切断的断路器处在断开位置	（1）拉开必须切断的断路器。 （2）检查所切断断路器处在断开位置。 （3）拉开必须断开的全部隔离开关。 （4）检查所拉开的隔离开关处在断开位置	（1）拉开必须切断的断路器。 （2）检查所切断断路器处在断开位置。 （3）拉开必须断开的全部隔离开关。 （4）检查所拉开的隔离开关处在断开位置。 （5）合上接地开关或挂上保安用临时接地线。 （6）检查合上的接地隔离开关处在接通位置
热备用	（1）合上设备所有的断路器。 （2）检查所合上的断路器处在接通位置		（1）检查所切断断路器处在断开位置。 （2）拉开必须断开的全部隔离开关。 （3）检查所拉开的隔离开关处在断开位置	（1）检查所切断断路器处在断开位置。 （2）拉开必须断开的全部隔离开关。 （3）检查所拉开的隔离开关处在断开位置。 （4）合上接地开关或挂上保安用临时接地线。 （5）检查所合上的接地开关处在接通位置

设备状态	改变后状态			
	运行	热备用	冷备用	检修
冷备用	（1）检查设备上无接地线或接地开关。（2）检查所切断断路器确在断开位置。（3）合上必须合上的隔离开关。（4）检查所合上的隔离开关处在接通位置。（5）合上必须合上的断路器。（6）检查所合上的断路器处在接通位置	（1）检查设备上无接地线或接地开关。（2）检查所切断断路器确在断开位置。（3）合上必须合上的隔离开关。（4）检查所合上的隔离开关处在接通位置		（1）检查所切断的断路器确在断开位置。（2）检查所断开的隔离开关确在拉开位置。（3）合上接地开关或挂上保安用临时接地线。（4）检查所合上的接地隔离开关处在接通位置
检修	（1）拆除全部保安用临时接地线或拉开接地开关。（2）检查所拉开的接地开关处在断开位置。（3）检查所切断的断路器确在断开位置。（4）合上必须合上的隔离开关。（5）检查所合上的隔离开关处在接通位置。（6）合上必须合上的断路器。（7）检查所合上的断路器处在接通位置	（1）拆除全部保安用临时接地线或拉开接地开关。（2）检查所拉开的接地开关处在断开位置。（3）检查所切断的断路器确在断开位置。（4）合上必须合上的隔离开关。（5）检查所合上的隔离开关处在接通位置	（1）拆除全部保安用临时接地线或拉开接地开关。（2）检查所拉开的接地开关处在断开位置。（3）检查所切断的断路器确在断开位置。（4）检查所断开的隔离开关确在断开位置	

附 录 D　事 故 处 理 依 据

一、变压器及电压互感器事故处理依据

（1）变压器的瓦斯、差动保护同时动作断路器跳闸，未经查明原因和消除故障以前，不得进行强送。

（2）变压器差动保护动作跳闸，经外部检查无明显故障，且变压器跳闸时电网无冲击，经请示局主管领导后可试送一次。对于 110kV 电压等级的变压器（特别是高压绕组中间进线的变压器）重瓦斯保护动作跳闸后，即使经外部和气体性质检查，无明显故障也不允许强送。除非已找到确切依据证明重瓦斯保护误动，方可强送。如找不到确切原因，则应测量变压器绕组直流电阻、进行色谱分析等试验，证明无问题，才可强送。

（3）变压器后备保护动作跳闸，运行值班人员应检查主变压器及母线等所有一次设备有无明显故障，检查出线断路器保护有否动作。经检查属于出线故障断路器拒动引起，应拉开拒动断路器后，对变压器试送一次。

（4）变压器过负荷及异常情况时，按变压器运行规程或现场规程处理（有特殊或临时规定的则按该规定处理）。

（5）电压互感器发生异常情况可能发展成故障时，应按以下原则处理。

1）不得用就地方法操作异常运行的电压互感器的高压隔离开关，当异常运行的电压互感器高压隔离开关可以远控操作时，可用高压隔离开关进行隔离。

2）无法采用高压隔离开关进行隔离时，可用断路器切断该电压互感器所在母线的电源，然后隔离故障电压互感器。

3）不得将异常运行电压互感器的次级回路与正常运行电压

互感器次级回路进行并列。

二、母线故障处理依据

1. 变电站母线事故处理

当母线发生故障停电后，现场运行值班人员应立即报告值班调度员，并对停电的有关设备进行检查，再将检查情况详细报告值班调度员。值班调度员按下列原则进行处理：

（1）找到故障点并能迅速隔离的，在隔离故障后对停电的母线恢复送电。

（2）找到故障点但不能迅速隔离的，若是双母线中的一组母线故障时，应将故障母线上的各元件检查确无故障后倒至运行母线（冷倒）并恢复送电，对联络线要防止非同期合闸。

（3）通过检查和测试不能找到故障点时，尽量利用外来电源对故障母线进行试送电。

（4）如只有用本厂、站电源试送时，试送断路器必须完好，并将该断路器保护时间整定值改短（具有快速保护）后进行试送；有充电保护的尽可能用该保护。

2. 变电站母线电压消失的事故处理

（1）母线电压消失是指母线本身无故障而失去电源，一般是由于电网故障、继电保护误动或该母线上出线、变压器等设备故障本身断路器拒动，而使连接在该母线上所有电源越级跳闸所致。判断母线电压消失的依据是同时出现下列现象：

1）该母线的电压表指示消失。

2）该母线的各出线及变压器负荷消失（主要看电流表指示为零）。

3）由该母线供电的站用电失压。

（2）当变电站母线电压消失时，经判断并非由于本变电站母线故障或馈线故障断路器拒动所造成，现场运行值班人员必须立即向值班调度员报告。

（3）处理原则如下：

1）单电源变电站可不作任何操作，等待来电。

2）对装有线路备用电源自投装置的多电源供电的母线失压，如因备用电源自动装置拒动，则运行值班人员按该装置动作顺序自行进行操作，拉开原电源及联切断路器，合上备用电源断路器，事后报告值班调度员。

3）正常按单电源供电的多电源变电站，经报告调度后拉开原电源断路器，以备用线路电源试送母线。

三、线路故障处理依据

（1）线路跳闸后（包括重合不成功），为加速事故处理，值班调度员可以在不查明故障情况下进行一次强送（除已确认永久性故障外），但在强送前应考虑以下事项：

1）正确选择强送端，使电网稳定不遭到破坏。

2）强送电的断路器要完好，并应具有快速动作的继电保护；现场运行值班人员在强送前应检查断路器状况，断路器能否强送由现场值班员检查和判断确定。

3）对中性点接地系统，强送端变压器的中性点应接地。

4）对于连接两个以上电源的联络线跳闸，强送一般选择在装有无压检定重合闸的一端，并检查另一端的断路器确在拉开位置。

5）如是多级或越级跳闸，视情况可分段对线路进行强送。

6）终端线路跳闸后，重合闸不动作，现场运行值班人员可以不经调度指令立即强送一次；如强送不成功，可根据值班调度员的命令再试送一次。

7）重合闸停用的线路跳闸后，值班调度员应问清情况后方可强送。

8）遇大雾、连续雷击或者天气晴好时明显近距离故障等跳闸，视负荷情况可暂不考虑强送，待恶劣的气象条件转好或了解情况后再考虑强送。

9）下列线路故障跳闸，不论有无重合，一般不予强送：

a. 双回路并列运行线路，当其中一回线路两侧断路器故障跳闸，另一回线路有正常输送能力时。

b. 空充电线路或重合闸停用的电缆与架空线混合线路。

c. 全线为电缆线路，断路器跳闸未经检查前。

d. 新投产线路，若要对新投产线路跳闸后进行强送最终应得到启动总指挥的同意。

10）断路器允许切除故障的次数应在现场规程中规定，断路器实际切除故障的次数，地方电厂及大用户、监控中心、集控站（操作站）、变电站运行值班人员应作记录。当达到断路器允许切除故障规定次数的前一次或断路器经外部检查发现不正常时，现场运行值班人员应根据现场规程规定向值班调度员申请合闸，并向有关部门汇报。

（2）凡线路跳闸不论重合成功与否或单相接地，值班调度员应通知有关单位巡查事故原因，由值班调度员所通知的一切事故巡线，查线人员均应认为线路带电。如需处理必须向值班调度员办理停役申请手续，并得到值班调度员许可后方能进行检修。负责巡线检修的单位应将用户反映的事故现象及巡线情况及时报告值班调度员。

（3）值班调度员应将故障跳闸时间、故障相、故障测距等继电保护动作情况告诉巡线单位，尽可能根据故障录波器的测量数据提供故障的范围。运行维护单位应尽快安排落实巡线工作。

附录 E　设备故障的电压表现及判断

故障类型	电压显示值			接地信号	处理要点	备注
	U_a	U_b	U_c			
A相完全接地	零	线电压	线电压	有	逐一试拉馈线及改变运行方式、查找接地点并隔离	可参考接地选线装置
A相不完全接地	低于相电压	高于相电压、低于线电压	高于相电压、低于线电压	接地程度有关		
A相低压熔断器熔断	零	相电压	相电压	无	试合空气断路器或更换低压熔断器	
A相高压熔断器熔断	显著降低	相电压	相电压	可能有	母线电压互感器改为检修、查看高压熔断器是否熔断并更换	
消弧线圈脱谐度过低谐振	电压一般显示为一相降低，两相升高			无	任意拉合一条馈线（或补偿站用变压器），电压异常不再出现	与不完全单相接地现象类似
谐振	三相电压异常升高，表计可能达到满刻度；三相电压基本平衡；一相电压降低，两相电压升高超过线电压			无	改变电网参数就可消除（如拉合母分断路器）	母线电压互感器会发出嗡嗡声

附录 F 母线电压异常处理分析图

母线电压异常处理分析图如图 F-1 所示。

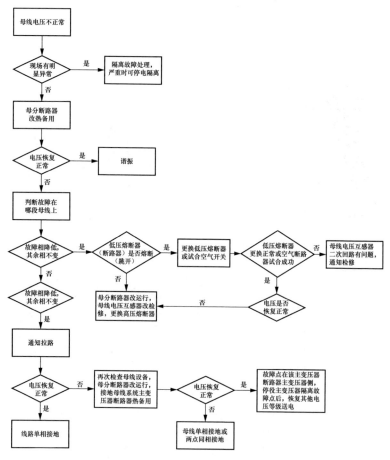

图 F-1 母线电压异常处理分析图